Fritz Gassmann

Was ist los mit dem Treibhaus Erde

In der populärwissenschaftlichen Sammlung

Einblicke in die Wissenschaft

mit den Schwerpunkten Mathematik – Naturwissenschaften – Technik werden in allgemeinverständlicher Form

- elementare Fragestellungen zu interessanten Problemen aufgegriffen,
- Themen aus der aktuellen Forschung behandelt,
- historische Zusammenhänge aufgehellt,
- Leben und Werk bedeutender Forscher und Erfinder vorgestellt.

Diese Reihe ermöglicht interessierten Laien einen einfachen Einstieg, bietet aber auch Fachleuten anregende, unterhaltsame und zugleich fundierte Einblicke in die Wissenschaft.

Jeder Band ist in sich abgeschlossen und leicht lesbar.

Fritz Gassmann

Was ist los mit dem Treibhaus Erde

Schweizerische Gesellschaft
für Umweltschutz

Verlag der Fachvereine Zürich

B. G. Teubner Verlagsgesellschaft
Stuttgart · Leipzig

Dr. sc. nat. Fritz Gassmann

Paul Scherrer Institut
CH-5232 Villigen PSI
Schweiz

Die Deutsche Bibliothek – CIP-Einheitsaufnahme

Gassmann, Fritz:
Was ist los mit dem Treibhaus Erde / Fritz Gassmann.
SGU, Schweizerische Gesellschaft für Umweltschutz Zürich. –
Zürich : vdf, Verl. der Fachvereine ; Stuttgart ; Leipzig : Teubner, 1994
  (Einblicke in die Wissenschaft)
  ISBN 978-3-8154-3500-7   ISBN 978-3-322-95387-2 (eBook)
  DOI 10.1007/978-3-322-95387-2

Umschlaggestaltung: E. Kretschmer, Leipzig

Vorwort

Die Schweizerische Gesellschaft für Umweltschutz (SGU), eine
der grossen und anerkannten Umweltschutzorganisationen der
Schweiz, zeichnet als Mitherausgeberin für diese Publikation.
Dies hat seine Gründe:

Mit verschiedenen Veröffentlichungen und der Wanderausstellung
"Zukunft liegt in der Luft" setzt die SGU einen Schwerpunkt ihrer
Arbeit auf die Klimaproblematik. Dabei verstehen wir den Schutz
unseres Klimas in einem weiten Sinne als Kampf gegen die Luftverschmutzung, als Einsatz gegen die Verschärfung der Treib-
hausproblematik und gegen die Vergrösserung des Ozonlochs.

Die Luftbelastung hat zum Beispiel durch Smog Auswirkungen
auf die persönliche Gesundheit, auf das Pflanzenwachstum und
verursacht durch verschiedene Stoffe die neuartigen Waldschäden.
Wir wissen um die möglichen Gefahren im Gebirgsraum (Rüfen
usw.) als regionale Folge und um die Erhöhung des Meeresspiegels als globale Folge des Treibhauseffektes. Das Ozonloch
könnte mit seinen schrecklichsten Auswirkungen sogar die
menschliche Zivilisation in ihrer heutigen Form in Frage stellen.

Dies sind Gründe genug, um für unser Klima Sorge zu tragen. Die
Situation fordert von uns, Ausschau zu halten nach veränderten,
naturverträglichen Verhaltensweisen, und sie zwingt uns zum
Handeln. Doch um zu wissen, was wir tun können, müssen wir in-
formiert sein. Diesen Anspruch erfüllt dieses Buch aufs beste: In
seriöser, knapper und verständlicher Form vermittelt es kompe-
tente Fachinformation. Deshalb tritt die SGU als Mitherausgeberin
dieser Publikation auf — auch wenn sie zum Teil unterschiedliche Schlussfolgerungen zieht. Doch das gemeinsame Ziel ist der
Schutz und die Zukunft unserer Umwelt.

Dieter Bürgi, Geschäftsführer
SGU, Postfach, 8032 Zürich   Zürich, 1. September 1993

Inhalt

Einleitung   **1**

I   Sichere physikalische Grundlagen   **5**
Der natürliche Treibhauseffekt — längst bekannt   5
Der lebenswichtige natürliche Treibhauseffekt   9
   Unsere Sonne — eine sehr zuverlässige Energie-
     quelle   10
   Wie die Sonne einen Himmelskörper wärmt   12
   Die Physik des Treibhauseffektes ist gut verstanden   16
   Die komplexe Rolle der Wolken   23
   Aufwendige Berechnungen   26
Die hausgemachte Verstärkung des Treibhauseffektes   27
   Die fünf wichtigsten anthropogenen Treibhausgase   27
     Kohlendioxid (CO_2)   29
     Methan (CH_4)   31
     Fluorchlorkohlenwasserstoffe (CFC)   34
     Ozon (O_3)   37
     Lachgas (N_2O)   43
   Die Reaktion der Atmosphäre auf zusätzliche
     Treibhausgase   44
   Treibhauspotentiale verschiedener Gase   46
   Was trägt die Schweiz zum Treibhaus bei?   48
   Und die Emissionen von Deutschland?   50

II   Ein Blick zurück in eine ferne Vergangenheit   **51**
Eine Reise durch die Zeit   51
Die Spuren längst vergangener Zeiten   58
   Dendrochronologie über 12'000 Jahre   59
   Eisbohrkerne über 160'000 Jahre   60
   Sedimente über Äonen   64
Was können wir aus der Paläoklimatologie lernen?   66
   Es gibt kein Normalklima   66
   Das Klimasystem neigt zu Instabilitäten   68
   Die zu erwartenden anthropogenen Klimaver-
     änderungen erfolgen rasch und sind ungeheuer
     gross   73

III Modelle — kondensiertes Wissen   **76**
Warum Modelle?   76
Wie entstehen Modelle?   77
Zoologie der Modelle   79
    Naturgesetz-Modelle   79
    Parametrisierte Modelle   81
    Empirische Modelle   84
Grenzen der Modelle   86
    Gefährliche Vereinfachungen   86
    Chaotisches Verhalten begrenzt den Vorhersage-
      zeitraum   88
    Die grosse Wirkung subtiler Eingriffe   91
Beispiel eines Modells: Der Kohlenstoff-Kreislauf   92
    Kohlenstoff-Flüsse zwischen vier Kompartimenten   93
    Test des Modells anhand der CO_2-Geschichte   99
    Resultate für vier Szenarien   102
    Die Wirkung vernachlässigter Prozesse   104

IV Ein Blick in unsere unmittelbare Zukunft   **107**
Eindeutige globale Prognosen   108
    Zunahme der globalen Mitteltemperatur   109
    Erhöhung des Meeresspiegels   114
    Häufung extremer Wetterereignisse   115
Schwierige regionale Prognosen   119
Gibt es erste Anzeichen einer globalen Klimaver-
    änderung?   122

VIII

**V Szenarien für die Menschheit 2000:
Gaia, Geist oder Grenze**   **126**
So geht's nicht weiter   127
Szenario "Gaia" — Gaia macht's mit Fieber   128
   Das Beispiel einer Hirschpopulation   129
   Die Reaktion von Gaia   130
Szenario "Geist" — Der Weg in eine hoffnungsvolle
   Zukunft ist noch offen   132
   Das Prinzip Verantwortung   132
   Weniger wäre mehr   133
Szenario "Grenze" — Gratwanderung mit Absturz-
   gefahr   137
   Das Konzept der selbstorganisierten Kritikalität   137
   Balanceakt entlang der Grenzen des Möglichen   140
   Die Rolle grosstechnologischer Gegenmassnah-
   men   142
Ein Weg in die Zukunft   144
   Eine Menschheit von maximal 10 Milliarden   144
   Eine Beschränkung des durchschnittlichen
   Energieverbrauchs auf 3kW pro Kopf   146
   Ein neues Haushaltsdenken: Umweltökonomie   147
   Sonnenenergie   149
Schlussfolgerungen   151

Literaturverzeichnis   **153**

Glossar und Masseinheiten   **155**

Stichwort- und Namenregister   **163**

Verdankungen

Etwas vom Schwierigsten bei der Verfassung eines Buches ist der Entschluss, jetzt und nicht später zu beginnen. Ich hatte das Glück einer dreifachen Unterstützung zu diesem Schritt. Die unverzichtbare persönliche Vorbereitung wurde ermöglicht durch intensive Gespräche mit Dr. Ute Höllrigl, deren kraftvoller Geist an der Gestaltung des Buches mitwirkte. Weiter waren die Rahmenbedingungen mit Prof. Meinrad Eberle als gesellschaftspolitisch engagiertem Institutsdirektor, der den Stellenwert des Treibhauseffektes voll erkannt hat, äusserst günstig. Die notwendigen Kontakte zu den interessierten Verlagen vdf und Georg, die schliesslich zum Start führten, habe ich meinem Kollegen PD Dr. Gonzague Pillet zu verdanken. Die Gedanken und Zusammenhänge, die in diesem Buch dargelegt sind, konnten während der vergangenen Jahre auf einem Substrat wachsen, das durch viele meiner Mitarbeiter angelegt wurde. Insbesondere haben mir die Arbeiten von Socrates Kypreos und Dr. Werner Hediger Einblicke in die Umweltökonomie verschafft, und die einleuchtenden und überzeugenden Argumente von Dr. Paul Kesselring über die Möglichkeiten der Sonnenenergie haben sich in den abschliessenden Kapiteln des vorliegenden Buches niedergeschlagen. Weiter waren mir die meist kritischen Bemerkungen der beiden theoretischen Physiker PD Dr. Peter Talkner und Dr. Rudolf Weber eine ständige Mahnung zur Vorsicht bei der Vulgarisierung komplexer Zusammenhänge, die, zu weit vorangetrieben, den wissenschaftlichen Gehalt einer Aussage verfälschen kann. Sehr anregend und unterstützend waren auch die geistreichen Diskussionen mit Prof. Mieczyslaw Taube, die meistens im Korridor ganz harmlos und scheinbar zufällig begannen, um schliesslich bei zentralen und tiefgreifenden Fragen anzukommen. Viele Ideen konnten auch reifen im direkten Kontakt mit Studenten, den ich in der Form eines Lehrauftrages bei Prof. Atsumu Ohmura an der ETH Zürich bekommen durfte. Ich bin dankbar für die Anregungen von Dr. Johannes Staehelin (ETH Zürich) betreffend das Ozon-Kapitel und für die Durchsicht des Manuskriptes sowie die entsprechenden Bemerkungen von Martin Jermann (Paul Scherrer Institut). Einen besonderen Dank möchte ich an die Herren Dieter Bürgi, René Longet und Jost Müller der Schweizerischen Gesellschaft für Umweltschutz richten, die das Buch als Mitherausgeber unterstützen. Für die mit Geduld und Ausdauer durchgeführte perfekte Umsetzung meines Manuskriptes sowie der zahlreichen Änderungen in einen druckreifen Text möchte ich Renate Schoch einen besonders herzlichen Dank aussprechen. Für die angenehme Zusammenarbeit mit dem vdf und die grosse Hilfe bei der Anfertigung der Figuren sowie für die sorgfältige Durchsicht des Manuskriptes bin ich Ernst Schärer und Chester Romanutti zu grossem Dank verpflichtet. Besonders freut mich auch das Interesse von Henri Weissenbach (Georg Editeur SA) an einer Übersetzung ins Französische. Schliesslich möchte ich auch die positive Einstellung sowie die Unterstützung seitens meiner Lebenspartnerin Sofia Tsintsifa für eine Arbeit, die ins Privatleben übergreift, ganz besonders verdanken.

Einleitung

Der interessanteste, vielfältigste und kostbarste der bekannten Himmelskörper, die Erde, ist von einer sehr dünnen Gasschicht, genannt Atmosphäre, umgeben, die das erstaunlichste aller Phänomene ermöglicht: das Leben. Tatsächlich ist die uns mächtig und fast unendlich erscheinende Lufthülle im Vergleich zum Erdradius eher mit einem Film zu vergleichen, der gleichzeitig ein wärmender Mantel (Treibhauseffekt), ein Schutzschild gegen tödliche Ultraviolettstrahlen (Ozonschicht in der Stratosphäre) und ein Transportmedium für das Lebenselixier Wasser (Troposphäre mit Wind, Wolken und Niederschlägen) darstellt. So bilden 99.9% der gesamten Luftmasse, die bis 11 km über den Meeresspiegel reichende Troposphäre und die sich bis in 50 km Höhe erstreckende Stratosphäre enthaltend, eine Haut, die weniger als 1% des Erdradius (6370 km) ausmacht (vgl. Abbildung 1). Vom subjektiven Standpunkt eines einzelnen Menschen aus betrachtet, ist unsere Atmosphäre ein unermesslicher Sauerstoffvorrat und ein unendlicher "Abfallkübel" für Rauchgase, von einem objektiven, globalen, wissenschaftlichen Standpunkt aus aber eher eine empfindliche und verletzliche Haut. Die Jahrmillionen alte menschliche Urerfahrung, nach der ein Stoff aufgelöst und für immer verschwunden ist, nachdem er verbrannt wurde und der Wind den entstehenden Rauch fortgetragen hat, erweist sich plötzlich als falsch. Sie muss ersetzt werden durch die theoretisch anmutende wissenschaftliche Erkenntnis, dass die Atmosphäre begrenzt ist und dadurch dem Wachstum der Menschheit endgültige Grenzen setzt. Wie kommt es aber, dass eine tief in unserer Seele verankerte und seit Urzeiten gültige Vorstellung, dass Wachstum grundsätzlich zu begrüssen und die Aufnahmekapazität der Erde unbegrenzt sei, binnen weniger Jahrzehnte über Bord geworfen werden sollte? Die Antwort hierauf ist beklemmend einfach und kann in bezug auf das Klima folgendermassen formuliert werden: Sobald sich die Konzentration eines klimabestimmenden Stoffes aufgrund menschlicher Einwirkungen innerhalb eines Menschen-

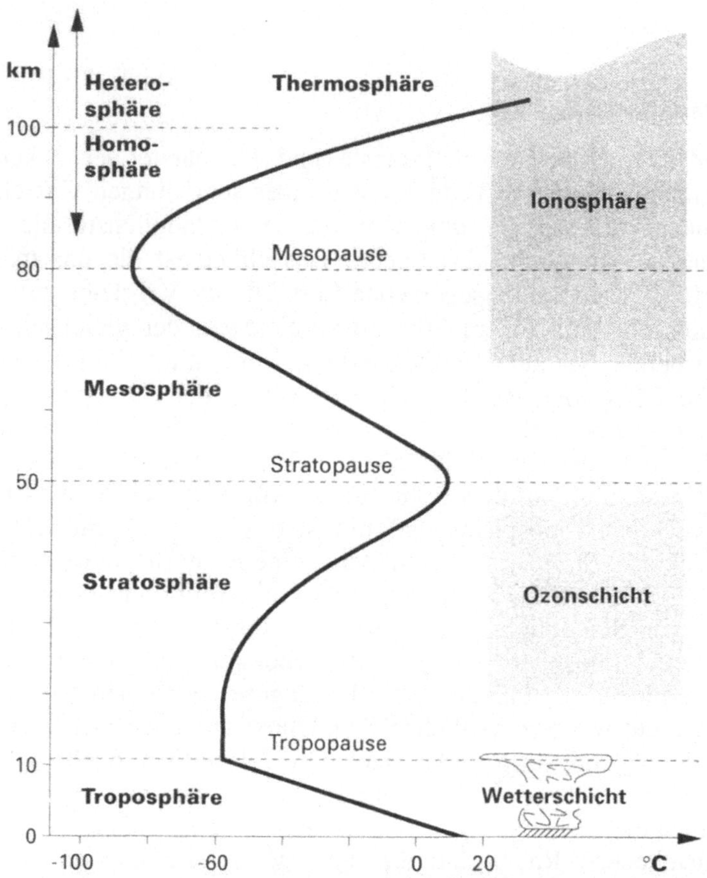

Abb. 1: Die "Stockwerke" der Atmosphäre anhand des mittleren Temperaturverlaufes (Standardatmosphäre). Die Troposphäre enthält 85% der Atmosphärenmasse. In ihr spielt sich das gesamte Wetter (Wasserkreislauf) ab. Die stratosphärische Ozonschicht schützt die Erde vor harter Ultraviolettstrahlung. Die Ionosphäre wirkt als Reflexionsspiegel für Radiowellen und ermöglicht weltweite Kurzwellen-Verbindungen. Oberhalb zirka 100 km entmischen sich die atmosphärischen Gase, so dass die leichteren angereichert werden (Heterosphäre).

2

lebens wesentlich vom natürlichen Gleichgewicht entfernt, werden die Grenzen via die hervorgerufenen Klimaveränderungen sichtbar und subjektiv erlebbar. Dieses Kriterium ist unter anderem für das Treibhausgas Kohlendioxid vor kurzem erstmals erreicht worden, indem im Jahre 1990 die jährliche Anstiegsrate der CO_2-Konzentration in der Atmosphäre 1.8 ppm betrug (ppm ist ein Konzentrationsmass, das im Glossar erklärt wird). Über ein Menschenleben von 80 Jahren linear extrapoliert ergibt dies eine Erhöhung von rund 50% gegenüber der natürlichen Gleichgewichtskonzentration der Nacheiszeit von 280 ppm. Diese enorme Anstiegsrate der CO_2-Konzentration in der Atmosphäre aufgrund von durch Menschen verursachten Emissionen ist weder in der rund 6000 Jahre umfassenden Kulturgeschichte noch in der rund tausendmal längeren biologischen Geschichte der Menschheit je aufgetreten. Da sich die Emissionen seit der Industrialisierung im 18. Jahrhundert nicht gleichmässig (linear), sondern dauernd zunehmend (exponentiell) entwickelt haben, wurde das oben erwähnte Kriterium nicht langsam und allmählich erreicht, sondern die Erkenntnis drang innerhalb des vergangenen Jahrzehnts fast "über Nacht" ins Bewusstsein vieler Entscheidungsträger der Menschheit ein.

Im vorliegenden Buch sollen die wissenschaftlichen Erkenntnisse der letzten Jahre dargelegt werden, aufgrund derer geschlossen werden muss, dass die anthropogenen Erhöhungen der Konzentrationen mehrerer Treibhausgase innerhalb des kommenden Jahrhunderts zu erdgeschichtlich wesentlichen klimatischen Veränderungen Anlass geben werden, die grosse Teile der Menschheit vor existentielle Probleme stellen dürften. Obschon hier ausschliesslich treibhausbedingte Klimaveränderungen behandelt werden, legt der Autor Wert auf die Feststellung, dass die Menschheit gleichzeitig mit anderen, ebenfalls gravierenden Umweltproblemen konfrontiert ist. Die wichtigsten sind der Abbau des stratosphärischen Ozonschildes durch Chlorfluorkohlenwasserstoffe, die Verschmutzung von Böden und Gewässern durch nicht rezyklierte Abfälle, die durch unsachgemässe Anbaumethoden verursachte Bodenerosion, die endgültige Auslöschung unzähliger Tier- und Pflanzenarten (z.B. durch Brandrodung des Regenwaldes) sowie die hygienischen und psychischen Probleme in der schnell wachsenden Zahl von Millionenstädten mit ihren nicht enden wollenden Agglomerationen, ganz zu schweigen über die immer wieder aufflammenden Kriege. Es scheint fast undenkbar, diese sich zum Teil gegenseitig verstärkenden Probleme zu meistern vor dem Hintergrund der explosionsartig um 11'400 Menschen pro Stunde anwachsenden Erdbevölkerung. Die Unterstützung dieser Vermehrung durch die meisten Religionen könnte sich als das grösste Verbrechen herausstellen, das an der Menschheit je begangen wurde.

I Sichere physikalische Grundlagen

Der natürliche Treibhauseffekt — längst bekannt

Das Experiment war simpel: Monsieur de Saussure verschloss eine inwendig mit geschwärztem Kork ausgekleidete Vase mit einer Glasplatte und hielt sie in Paris um die Mittagszeit gegen die Sonne. Mittels eines Thermometers beobachtete er eine gegenüber der Aussentemperatur stark erhöhte Temperatur im Innern der Vase. Das Experiment wäre wohl in Vergessenheit geraten, wäre nicht ein mathematisch und naturwissenschaftlich äusserst begabter Baron namens Jean-Baptiste Joseph Fourier (1768-1830) darauf aufmerksam geworden. Dieser war gerade daran, eine der wichtigsten und schwierigsten Fragen der Naturwissenschaften anzugehen, wie er es nicht ohne Stolz in seiner 1824 erschienenen Publikation einleitend bemerkt. Da es ihm bereits früher gelang, eine mathematisch einwandfreie Beschreibung der Wärmeleitung innerhalb fester Körper zu formulieren, die zur Berechnung der Temperaturverteilung auch heute noch benutzt und zu seinen Ehren Fourier-Gleichung genannt wird, fühlte er sich berufen, die auf der Erdoberfläche beobachtete Temperaturverteilung auf eine wissenschaftliche Basis zu stellen. Seine in den Memoiren der königlichen Akademie der Wissenschaften Frankreichs veröffentlichte Arbeit [1] ist ein faszinierendes wissenschaftshistorisches Dokument, indem es den damaligen Kenntnisstand illustriert, der teilweise erstaunlich weit fortgeschritten, gleichzeitig aber auch mit gravierenden Irrtümern behaftet war. So hat Fourier drei Prozesse für die Verteilung der Erdoberflächentemperatur verantwortlich gemacht, nämlich die Erwärmung durch die Sonnenstrahlung, die durch die vielen Sterne verursachte "Weltraumtemperatur" und den heissen Erdkern. Wie es in der Wissenschaft nicht selten vorkommt, basierte seine weitgehend korrekte Erklärung des Treibhauseffektes auf einer völlig falschen Annahme, nämlich dass der Weltraum eine Temperatur besitzt, die nur wenig unterhalb derjenigen am Nordpol liegt. Hätte er gewusst, dass es im Weltraum noch gut 200 K (K = Kelvin-Grade, vgl. Glossar) kälter ist, hätte er wohl kaum das Experiment von de Saussure zur Erklärung der Wirkung der Atmosphäre auf die Temperatur nahe der Bodenoberfläche heranzuziehen gewagt. Er dachte sich die Luft in Paris als Weltraum, die die Vase abdeckende Glasplatte als Atmosphäre und die Wände der Vase als Erdboden und gab die folgende Erklärung für die beobachtete Temperaturdifferenz: Die sichtbare Sonnenwärme (Licht) durchquert die durchsichtige Glasplatte (Atmosphäre) fast ungehindert, wird dann aber auf der absorbierenden Vaseninnenseite (Erdboden) in dunkle Wärme (Wärmestrahlung, Infrarotstrahlung) umgewandelt, die fast nicht mehr durch die Glasplatte hindurchtreten kann, sich deshalb im Innern der Vase aufstaut und so die beobachtete Temperaturerhöhung bewirkt. Bemerkenswert an dieser Überlegung ist neben der perfekten Erklärung des Treibhauseffektes, dass sie implizit den erst rund 20 Jahre später durch R. Mayer und J.P. Joule formulierten Energieerhaltungssatz sowie die erst 50 bis 60 Jahre später theoretisch durch J.C. Maxwell und experimentell durch H. Hertz entdeckte Verwandtschaft zwischen Wärme und Licht als elektromagnetische Strahlung enthält. So zutreffend die Übertragung der Interpretation des Vasenexperimentes auf die Wirkung der Atmosphäre als transparentes Medium für Licht und gleichzeitig weitgehend opaker Mantel für Wärme war, kann doch nicht übersehen werden, dass dieser Volltreffer auf einer gehörigen Portion Glück beruht hat. Abgesehen vom lauwarmen Weltall war nämlich auch die Erklärung der in der Vase beobachteten Temperaturerhöhung höchstens teilweise zutreffend, denn eine der Sonne ausgesetzte schwarze Fläche wird selbst ohne Treibhauseffekt heiss (theoretisch bis 91°C), so dass das Resultat auch ohne Glasplatte hätte beobachtet werden können. Aber dieses Vergleichsexperiment wurde nicht durchgeführt, und es scheint, dass weder Herr de Saussure noch Baron Fourier sich je barfuss im Freien bewegten. Eine solche Erfahrung hätte wohl die beschriebene Formulierung der Treibhaushypothese endgültig verunmöglicht.

Es vergingen nach der Publikation von Fourier noch rund 70 Jahre mit einer Reihe wichtiger Entdeckungen auf den Gebieten der Wärmelehre und der Strahlung, bis schliesslich der schwedische Physikprofessor Svante Arrhenius 1896 imstande war, eine erste korrekte Theorie des natürlichen Treibhauseffektes aufzustellen und damit zu quantitativ mit heutigen Berechnungen verblüffend gut übereinstimmenden Ergebnissen zu gelangen [2]. Es war für Arrhenius klar, dass die Basis für die Erdoberflächentemperatur nicht durch Wärmeleitung zwischen der Erde und einem lauwarmen Weltall wie bei Fourier gegeben wird, sondern auf einem Gleichgewicht zwischen auf die Erde einfallender Sonnenstrahlung und abgehender Wärmestrahlung beruht. Es war unterdessen auch erwiesen, dass die Funktion der Fourierschen Glasplatte nur einem sehr kleinen Teil der atmosphärischen Gase zukommt, nämlich nur den Wasserdampf- und Kohlendioxidmolekülen. Die Idee der Glasplatte blieb aber und schlug sich nieder in der nun fortan gewählten Bezeichnung "Treibhauseffekt" für die Überhöhung der Erdoberflächentemperatur über die reine Strahlungs-Gleichgewichtstemperatur. Es war aber nicht das Interesse an der Atmosphäre schlechthin, das Arrhenius motivierte, umfangreiche Berechnungen mit Logarithmentabellen und viel Bleistift und Papier durchzuführen. Eine ganz andere Frage bewegte zu dieser Zeit die Gemüter der physikalischen Gesellschaft von Stockholm, nämlich diejenige nach den Ursachen der Eiszeiten, die selbst bis heute erst teilweise gelöst werden konnte. Da zu dieser Zeit fälschlicherweise angenommen wurde, dass die menschliche Rasse erst nach der letzten Eiszeit auf der Erde Fuss fasste, setzte man ihr Ende allgemein weit früher an als die tatsächlichen 10'000 Jahre vor heute, obschon einige amerikanische Geologen bereits Indizien für das korrekte Datum lieferten. Insofern war die Frage nach den Eiszeiten auch mit der Urfrage nach der Herkunft des Menschen gekoppelt, was sicherlich einen Teil ihrer Faszination erklärt. Aufgrund dieser Motivation für seine Arbeiten interessierte sich Arrhenius primär für den klimatischen Effekt einer CO_2-Reduktion auf 2/3 des damaligen Wertes (was nach neuesten

Erkenntnissen recht genau der tatsächlichen Reduktion während der Eiszeiten entspricht). Er hat aber trotzdem auch berechnet, was eine CO_2-Verdoppelung bringen würde und fand einen Wert der heute Klima-Sensitivitätsparameter genannten globalen Temperaturzunahme von 5.4 K. Der bislang akzeptierte, mit Supercomputern bestimmte Wertebereich für diesen Schlüsselparameter liegt zwischen 1.5 und 4.5 K. Ein Vergleich des Resultates der Handrechnung von Arrhenius mit demjenigen moderner Rechnungen auf der Basis riesiger Datenmengen wirft ein Licht auf die Komplexität des Problems, indem die immense Erhöhung von Rechenleistung und Datenbasis innerhalb des vergangenen Jahrhunderts nur recht unbefriedigende Fortschritte gebracht hat. Erstaunlich klar waren die Vorstellungen von Arrhenius auch in bezug auf den Kohlenstoffkreislauf, indem er den Kohlenstoffvorrat in der Biosphäre als etwa gleichbedeutend mit demjenigen der Atmosphäre einstufte, den er aufgrund von CO_2-Konzentrationsmessungen kannte (0.03 Volumen % = 300 ppm). Er schloss daraus, dass die Biosphäre mindestens potentiell in der Lage wäre, atmosphärische CO_2-Konzentrationsschwankungen hervorzurufen, wie sie für die Erklärung der Eiszeiten notwendig wären. Weiter war ihm auch die wichtige Rolle der Meere im Kohlenstoffkreislauf klar: warme Meere geben CO_2 ab, kalte nehmen CO_2 auf. Schliesslich betonte Arrhenius, dass die damaligen anthropogenen Kohlenstoff-Emissionen von rund 0.5 Gt C/y (Gigatonnen Kohlenstoff pro Jahr, vgl. Glossar) die Größenordnung der Silikat-Verwitterung erreichten, die einen wichtigen natürlichen Abbauprozess für CO_2 in der Atmosphäre darstellt. Er schloss aber diesen wichtigen Gedanken mit der etwas vagen und interpretationsbedürftigen Bemerkung, dass die anthropogenen Emissionen ohnehin als nur temporäre Erscheinung zu betrachten seien. Es bleibt offen, an welche Zeitspanne er wohl gedacht haben mag und ob er sich vorstellen konnte, dass seine CO_2-Verdoppelungs-Szenarien aufgrund einer exponentiellen Entwicklung der anthropogenen Emissionen in nur etwas mehr als einem Jahrhundert Realität werden könnten. Wie dem auch sei, die Geschichte des

Treibhauseffektes ist ein reizvolles Beispiel, das zeigt, wie die Frucht unnützer Spielereien — wen interessiert schon die Temperatur in einer leeren Blumenvase oder die Ursache einer längst vergangenen Eiszeit — ein Jahrhundert später zum brennenden öffentlichen Interesse werden kann: Die anthropogene Verstärkung des durch Fourier vermuteten und durch Arrhenius quantitativ beschriebenen Treibhauseffektes wird das Schicksal der Menschheit im 21. Jahrhundert an vorderster Stelle mitbestimmen und wird erdgeschichtlich eines der wichtigsten Ereignisse der vergangenen 10 Millionen Jahre darstellen.

Der lebenswichtige natürliche Treibhauseffekt

Seit den ersten quantitativen Abschätzungen von Arrhenius hat die Wissenschaft eine Lawine neuer Erkenntnisse ausgelöst, und die sich mit atemberaubender Geschwindigkeit entwickelnde Rechenleistung moderner Computer hat in bezug auf die behandelbaren Fragestellungen völlig neue Horizonte eröffnet. Man wäre fast versucht anzunehmen, dass es in wenigen Jahren möglich sein könnte, das Klimasystem mit all seinen Facetten auf einem Supervektorrechner der 90er Jahre simulieren zu können. Betrachtet man aber das System genauer, türmt sich vor unseren Augen eine Vielfalt und Komplexität auf, die mit Sicherheit jeden noch so schnellen Rechner der Zukunft zu einer lahmen Ente degradieren wird. Weshalb dies so ist und was dies für Konsequenzen für die Vorhersagbarkeit des Klimas im 21. Jahrhundert hat, möchte ich in den Kapiteln III und IV erklären. Im vorliegenden Kapitel sollen vorerst die soliden physikalischen Zusammenhänge und die Fülle exakter experimenteller Beobachtungen sowie die daraus unzweifelhaft ableitbaren Ergebnisse dargelegt werden.

Unsere Sonne — eine sehr zuverlässige Energiequelle

Bevor die Atomphysiker H. Bethe und C.F. v. Weizsäcker in den 30er Jahren zeigen konnten, dass unsere Sonne ein riesiger Fusionsreaktor ist, war es ein Rätsel, wie ein derart gigantischer Energiestrom über Jahrmillionen und -milliarden aufrechterhalten werden kann. Aufgrund der mittleren Distanz der Erde von der Sonne (r = 150 Millionen km) und dem Erdradius (R = 6370 km) lässt sich geometrisch leicht das Verhältnis zwischen der Fläche der Erdscheibe (πR^2) und der Oberfläche der Kugel, auf der sich die mittlere Erdbahn befindet ($4\pi r^2$), bestimmen. Dieses Verhältnis sagt aus, dass die Erde nur den 2.2 milliardsten Teil der von der Sonne ausgestrahlten Energie einfängt und als Antriebsenergie für Wind, Wetter, Klima und Pflanzen verwendet. Und selbst dieser kleine Bruchteil des gesamten Sonnenenergiestromes ist überwältigend gross. Für seine Bestimmung brauchen wir die Solarkonstante Q, die die Strahlungsenergie ausdrückt, die sekundlich durch einen senkrecht zur Strahlungsrichtung exponierten Quadratmeter hindurchströmt, der sich in einer mittleren Erddistanz r von der Sonne befindet. Detaillierte Messungen, die unter anderem im Weltstrahlungszentrum in Davos unter der Leitung von Claus Fröhlich durchgeführt werden, ergaben einen erstaunlich konstanten Wert für Q von 1367.5 $\pm$ 0.5 W/m^2. Multipliziert man diesen Wert mit der Fläche der Erdscheibe, erhält man die immense und vorerst nichtssagende Zahl von 174'000 TW (1TW = 1 Terawatt = 1 Million x 1 Million Watt = 10^{12} W). Dies ist 13'000mal mehr als der Gesamtenergieverbrauch der Menschheit, der zur Zeit etwa 13 TW beträgt, was rund 10 Milliarden Tonnen Öl pro Jahr entspricht. Und was bedeutet eine Leistung von 13 TW? Entweder die Antriebsleistung in der Form von kondensierendem Wasserdampf für drei mittlere europäische Gewitter oder die elektrische Leistung von 13'000 grossen Kraftwerken, von denen jedes 1000 MW liefert (z.B. die Kernkraftwerke Gösgen und Leibstadt in der Schweiz oder Isar-1 und Biblis-A in Deutschland).

10

Misst man die Solarkonstante Q über einen längeren Zeitraum sehr genau, und dies ist die Hauptaufgabe des erwähnten Davoser Institutes, so stellt man kleine Schwankungen fest, die auf eine variable Zahl und Grösse von Sonnenflecken zurückzuführen sind. Die Solarkonstante flackert also etwas und zwar um rund 1 W/m^2 oder 0.7 Promille nach oben und unten auf einer Zeitskala von rund 5 Tagen. Aufgrund einer der längsten systematischen Beobachtungsreihen, die wir zur Verfügung haben, nämlich der seit 1610 lückenlos beobachteten und dokumentierten Sonnenfleckenrelativzahl (gewichtete und normierte Zahl der Sonnenflecken), lässt sich sehr klar ein 11jähriger Zyklus ausmachen, der von einem 22jährigen Zyklus überlagert wird. Obschon die Flekken etwa 2000 K kühler sind als ihre Umgebung und deshalb dunkler erscheinen, zeigt die Sonne ihre grösste Strahlungsleistung bei der maximalen Fleckenzahl, weil die gleichzeitig ebenfalls vermehrt auftretenden hellen Fackeln den durch die Flecken hervorgerufenen Strahlungsverlust mehr als wettmachen. Nach unserer gegenwärtigen Kenntnis liegen die damit zusammenhängenden Schwankungen der Solarkonstanten in der Grössenordnung von 2-3 W/m^2 entsprechend rund 2 Promille der Gesamtstrahlung. Nach später zu erläuternden Zusammenhängen kann damit eine fiktive, primäre Temperaturveränderung (ohne Rückkoppelungseffekte berechnet) von etwa 0.15 K oder eine effektive Temperaturschwankung (mit Rückkoppelungsfaktor von etwa 3) von rund 0.5 K hervorgerufen werden. Es ist nicht ganz klar, ob das weitgehende Ausbleiben von Sonnenflecken während des sogenannten Maunder-Minimums zwischen 1645 und 1715 als auslösender Faktor für eine Kaltperiode ("kleine Eiszeit") betrachtet werden kann, während der die global gemittelte Temperatur um etwa 0.5 K absank, was in Europa zu schlimmen Ernteausfällen, eiskalten Wintern und Hungersnöten führte. Es wäre hochinteressant, die genauen Zusammenhänge erforschen zu können, weil aus diesem am wenigsten weit zurückliegenden natürlichen "Klimaexperiment" wichtige Hinweise auf die Empfindlichkeit unseres Klimasystems gegenüber kleinen Schwankungen des einfallenden Energiestromes abgeleitet werden könnten. Daraus liessen sich Aussagen über den Ausgang des momentan laufenden unfreiwilligen anthropogenen Klimaexperimentes erarbeiten. Dass der Elfjahreszyklus statistisch einwandfrei belegbare Auswirkungen auf das Klima der vergangenen 40 Jahre in Form winterlicher Wärmeeinbrüche in Westeuropa und in den USA hat, konnte Karin Labitzke an der Freien Universität Berlin 1987 erstmals zeigen.

Aus astrophysikalischen Kenntnissen über den Entwicklungsprozess von Sternen lässt sich ableiten, dass die Strahlungsleistung unserer Sonne, auf einer sehr langen Zeitskala betrachtet, ständig zunimmt. So muss die Solarkonstante zur Zeit des Kondensationsprozesses, aus dem vor 4.7 Milliarden Jahren die Erde hervorging, um rund 30% kleiner gewesen sein als heute. Hätte die junge Erde nicht durch einen sehr hohen CO_2-Anteil in ihrer Atmosphäre einen starken Treibhauseffekt erzeugen können, um die allzu schwache Sonnenstrahlung auszugleichen, wäre sie vermutlich im ersten Teil ihrer Geschichte für immer erstarrt und zu einem Eisplaneten geworden. Leider wissen wir heute noch zu wenig über die Kurzzeitdynamik unseres Sternes, um seine Strahlungsintensität für das kommende Jahrhundert vorhersagen zu können. Heute aber aus Bequemlichkeit anzunehmen — und es gibt erstaunlicherweise "Wissenschafter", die sich dessen nicht scheuen —, dass die Sonne mit Rücksicht auf den zunehmenden Treibhauseffekt ihre Intensität etwas drosseln werde, entbehrt jeder wissenschaftlichen Grundlage. Auch Wissenschafter sind eben nicht ganz vor irrationalen Ansichten gefeit, wenn Wünsche das Denken leiten!

Wie die Sonne einen Himmelskörper wärmt

Beginnen wir mit einem einfachen Gedankenexperiment. Wir denken uns eine schwarze Platte von 1 m^2 Grösse, die sich im mittleren Erdabstand von der Sonne befindet und voll gegen die

Sonne exponiert ist. Auf der von der Sonne abgewandten Seite denken wir uns vorerst eine ideal wärmeisolierende Schicht, so dass die Plattenrückseite keine Wärme abstrahlen kann. Auf ihrer Vorderseite wird gemäss der Solarkonstanten ein einfallender Energiestrom von 1367 W vollständig absorbiert, weil wir die Plattenvorderseite als schwarz angenommen haben. Durch diese dauernd in sich aufgenommene Energie würde die Platte immer wärmer, wenn sie nicht gleichzeitig Energie abstrahlen würde. Gemäss einem der fundamentalsten Gesetze der Physik, das von den österreichischen Physikern Joseph Stefan (1835-93) und Ludwig Boltzmann (1844-1906) entdeckt wurde, strahlt ein idealer schwarzer Körper Wärmestrahlung ab, deren Intensität einzig und allein von seiner Temperatur T abhängt und proportional zu deren vierter Potenz ist. T ist hier allerdings nicht in den üblichen °C zu messen, sondern in den physikalisch wesentlich fundamentaleren Kelvin, deren Skala beim absoluten Nullpunkt, also bei der tiefstmöglichen Temperatur, beginnt. 0 K entspricht -273.16°C und 0°C entspricht 273.16 K, so dass die Umrechnung sehr einfach ist. Der Weltraum hat sich mit seiner heutigen kosmischen Hintergrundstrahlung von 3 K, die vom Urknall übrig blieb, während der 10-20 Milliarden Jahre seiner Existenz bis sehr nahe an den absoluten Nullpunkt abgekühlt. Um nun eine Beziehung zwischen der abgestrahlten Intensität (die in W/m^2 gemessen wird) und T^4 (mit der Masseinheit K^4) zu erhalten, ist eine Naturkonstante mit der Masseinheit $W/(m^2K^4)$ erforderlich, die zu Ehren der Entdecker Stefan-Boltzmannsche Konstante genannt wird und meist mit dem griechischen Sigma σ bezeichnet wird. Sie hat den Zahlenwert $5.67 \cdot 10^{-8}$ in den oben angegebenen Einheiten und ist als ebenso fundamental wie etwa die Lichtgeschwindigkeit zu betrachten. Es ist nun höchstens noch ein Taschenrechner notwendig, um die Wärmestrahlung von verschieden temperierten schwarzen Oberflächen zu berechnen und zu den in der Tabelle 1 wiedergegebenen Resultaten zu gelangen. Aus dieser Tabelle ist zu entnehmen, dass sich unsere gedachte Platte bis etwas über 120°C erwärmt, bis die von ihr abgegebene Infrarotstrahlung der Solarkonstanten entspricht (Strahlungsgleichgewicht). Entfernen wir unsere auf der Plattenrückseite gedachte Isolation, wird die doppelte Wärmestrahlung emittiert und die Temperatur muss sich auf einen neuen, tieferen Gleichgewichtswert einstellen, der der halben Solarkon-

T in°C	T in K	Abstrahlung in W/m^2
-273.16	0	0
-50	223.16	141
-20	253.16	233
-10	263.16	272
0	273.16	316
+10	283.16	365
+20	293.16	419
+60	333.16	699
+90	363.16	986
+120	393.16	1355

Tab. 1: Schwarzkörperstrahlung für verschiedene Temperaturen gemäss der Formel σT^4

stanten (= 684 W/m^2) entspricht. Nach Tabelle 1 ergibt sich eine Temperatur knapp unterhalb von 60°C. Stellen wir uns nun eine schwarze, inwendig isolierte Kugel vor, die der Sonne immer dieselbe Seite zuwendet, wie dies der Erdmond tut. Die einfallende Strahlung Q wirkt in diesem Falle auf die Querschnittsfläche πR^2 (R = Kugelradius), die Abstrahlung erfolgt jedoch über die halbe Kugeloberfläche $2\pi R^2$. Wiederum ist also die Abstrahlungsfläche doppelt so gross wie der Einstrahlungsquerschnitt, und die mittlere Gleichgewichtstemperatur auf der Vorderseite wird wie im vorigen Beispiel etwa 60°C betragen. Auf der Rückseite ist jedoch die Temperatur 0 K, weil keine Energie eingestrahlt wird. Lassen wir nun aber die Kugel schnell rotieren, so dass ihre Oberfläche rundherum erwärmt wird. Die Abstrahlungsfläche ist nun die gesamte Kugeloberfläche $4\pi R^2$, also viermal grösser als der Einstrahlungsquerschnitt. Die mittlere Gleichgewichtstemperatur entspricht deshalb einem Viertel der Solarkonstanten $(342\,W/m^2)$ und wird nach Tabelle 1 etwa 5°C.

Um unsere Überlegungen auf die Erde anwenden zu können, müssen wir zusätzlich noch eine weitere Grösse, die Albedo ("Weissheit" oder Reflektivität) einführen, die berücksichtigt, dass eine nicht schwarz ausschauende Oberfläche einen Teil des Sonnenlichtes reflektiert. Die mit dem griechischen Buchstaben Alpha α bezeichnete Albedo ist eine Zahl, die immer zwischen 0 und 1 liegt: 0 bedeutet schwarz, nicht reflektierend und 1 bedeutet weiss (entspricht einem vollständig reflektierenden Spiegel, der kein Sonnenlicht absorbiert und deshalb die Temperatur des absoluten Nullpunktes annehmen würde). Streng genommen müsste man α als Albedo für sichtbares Licht bezeichnen und zusätzlich eine Albedo (in Form einer Emissivität = 1-Albedo) für Wärmestrahlung berücksichtigen. Da letztere aber selbst für Schnee sehr nahe bei 0 liegt (Schnee ist in bezug auf Wärmeabstrahlung fast ein idealer schwarzer Körper), kann das Stefan-Boltzmannsche Strahlungsgesetz ohne Emissivitäts-Korrektur angewendet werden. Nach Satellitenmessungen beträgt die planetare Albedo α im Mittel 0.3. Es werden also 30% des Sonnenlichtes im wesentlichen durch Wolken, Eis und Meere ins Weltall reflektiert und stehen nicht für die Erwärmung der Erdoberfläche zur Verfügung. Um die mittlere Gleichgewichtstemperatur abzuschätzen, dürfen wir also nur 70% der Solarkonstanten $(957\,W/m^2)$ als einfallende und absorbierte Strahlung betrachten. Weiter können wir aufgrund unserer vorherigen Überlegungen, die schnell rotierende Kugel betreffend, auch im Falle der Erde mit einem Geometriefaktor 1/4 rechnen. Es müsste sich also eine Gleichgewichtstemperatur entsprechend zu $957/4 = 239\,W/m^2$ einstellen, welche sich nach Tabelle 1 zu -18°C ergibt.

Vergleicht man nun diese ohne Treibhauseffekt berechnete Temperatur von -18°C mit der mittleren globalen Oberflächentemperatur von +15°C, so ergibt sich ein Treibhauseffekt von 15 - (-18) = 33 K. Ohne diesen natürlichen Treibhauseffekt wäre jegliches Leben auf unserem Planeten unmöglich, das auf dem Vorhandensein von flüssigem Wasser basiert. Es ist sogar so, dass die Erde ohne Treibhauseffekt in einen Zustand endgültiger Erstarrung absinken würde. Grösste Teile ihrer Oberfläche würden nämlich zu Eis und Schnee mit einer Albedo von etwa 0.6 oder mehr erstarren und die Gleichgewichtstemperatur entsprechend $Q\,(1-0.6)/4 = 137\ \text{W/m}^2$ würde nach Tabelle 1 auf -52°C oder tiefer sinken. Etwas Ähnliches hätte der jungen Erde passieren können, wenn nicht, wie bereits erwähnt, eine wesentlich höhere CO_2-Konzentration in ihrer Atmosphäre und der entsprechend hohe Treibhauseffekt die zu schwache Sonnenintensität kompensiert hätte. Gleichzeitig mit der über die Jahrmilliarden stärker werdenden Sonne haben sodann zuerst Einzeller im Meer und später Vielzeller und Landpflanzen durch Photosynthese atmosphärisches CO_2 abgebaut und die Luft durch das treibhausneutrale Sauerstoffgas O_2 angereichert. Der Treibhauseffekt wurde dadurch so weit verringert, dass für die biologische Evolution günstige Temperaturen um 20 - 26°C über die vergangenen 500 Millionen Jahre entstehen konnten.

Die Physik des Treibhauseffektes ist gut verstanden

Um uns schrittweise an die komplexe Realität heranzutasten, möchte ich wiederum mit einem vereinfachten Gedankenexperiment beginnen, das sich direkt an die Ideen von Fourier anschliesst. Wir denken uns die Atmosphäre zu einer Art Glasplatte zusammengedrückt, die gemäss unseren vorigen Überlegungen eine mittlere Temperatur von -18°C haben muss. Analog zu den Überlegungen von Fourier wird idealisierend angenommen, dass diese Glasplatte für sichtbares Licht teilweise reflektierend, aber sonst vollständig durchsichtig, für Wärmestrahlung hingegen undurchsichtig ist. Beides trifft in der Realität nicht ganz zu, und deshalb ist nicht zu erwarten, dass unser stark vereinfachtes Modell des Treibhauseffektes genaue Resultate bringen wird. In Abbildung 2 sind die relevanten Energieflüsse festgehalten und ihre

16

Intensitäten in % von Q/4 (= 342 W/m^2) angegeben. Wichtig ist nun die Strahlungsbilanz am Erdboden, die sich aus drei Komponenten zusammensetzt. Auf der positiven Seite dieser Bilanz (d.h. einfallende Energieströme) stehen 70% des Sonnenlichtes, das die "Atmosphärenplatte" ungehindert durchdringt und am Erdboden vollständig absorbiert wird (beides ist hier idealisiert betrachtet und trifft in der Realität nur teilweise zu). Dazu kommen weitere 70% Wärmestrahlung, weil die auf -18°C aufgeheizte "Atmosphärenplatte" nach unten gleichviel Wärmestrahlung abgibt wie nach

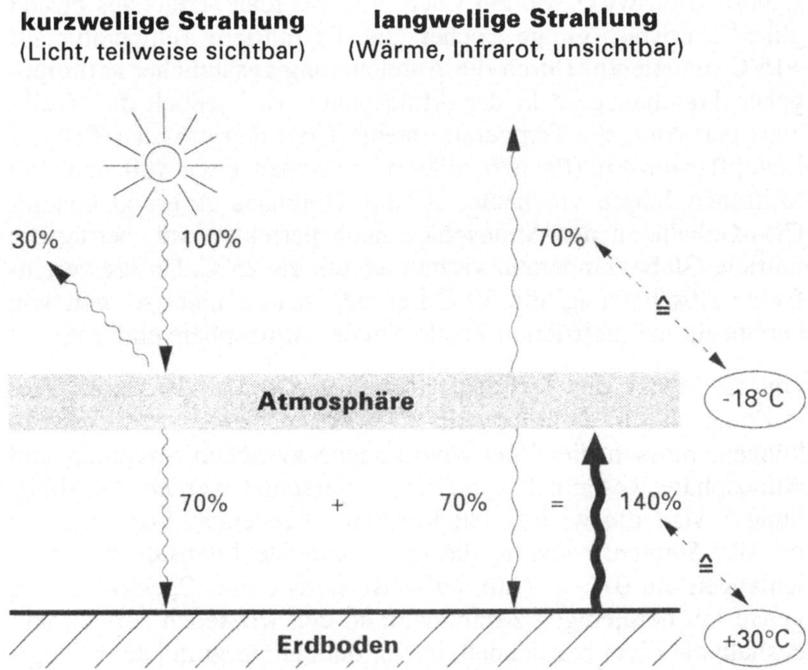

Abb. 2: Vereinfachte idealisierte Berechnung des Treibhauseffektes liefert eine zu hohe mittlere Globaltemperatur von + 30°C. Die prozentualen Angaben beziehen sich auf den vierten Teil der Solarkonstanten, also 100% = 342 W/m^2.

17

oben. Die negative Seite der Bilanz, nämlich die vom Erdboden abgehende Wärmestrahlung, muss die positive Seite kompensieren und deshalb 140% betragen. Die Bilanz geht so sowohl für den Erdboden wie auch für die "Atmosphärenplatte" auf, es herrscht Strahlungsgleichgewicht, und alle Temperaturen sind stationär, d.h. sie bleiben konstant. Nach dem Stefan-Boltzmannschen Strahlungsgesetz entspricht die vom Boden ausgehende Infrarotstrahlung (140% von 342 W/m^2 = 479 W/m^2) einer Temperatur von +30°C. Es ist einleuchtend, dass unsere Abschätzung für ein ideales Treibhaus zu hohe Temperaturen ergeben muss, denn jede Imperfektion wirkt wie ein Loch, und das reale Treibhaus besitzt glücklicherweise einige Löcher, die die mittlere Temperatur auf +15°C reduzieren. Durch die Anreicherung zusätzlicher anthropogener Treibhausgase in der Atmosphäre wird jedoch das Treibhaus perfekter, die Temperatur steigt. Über den grössten Teil der Landpflanzenzeit (Phanerozoikum) zwischen etwa 400 und 100 Millionen Jahren vor heute, als das Treibhaus aufgrund höherer CO_2-Gehalte in der Atmosphäre noch perfekter war, betrug die mittlere Globaltemperatur vermutlich um die 25°C. Unsere vereinfachte Abschätzung, die 30°C lieferte, ist also nicht so weit von bereits einmal realisierten Zuständen der Atmosphäre entfernt.

Um die Physik des Treibhauseffektes und vor allem dessen Verstärkung durch anthropogene Emissionen besser verstehen zu können, müssen die Wechselwirkungen zwischen Strahlung und Atmosphäre wesentlich detaillierter betrachtet werden. In Abbildung 3 sind die wichtigsten Prozesse angedeutet. Beginnen wir mit der *Sonnenstrahlung,* die ihre maximale Intensität bei Wellenlängen um 0.4 - 0.7 μm aufweist. Dass dieser Spektralbereich genau mit demjenigen zusammenfällt, den wir sehen können und deshalb als Licht bezeichnen, ist vor dem Hintergrund der biologischen Evolution kein Zufall, denn Augenzellen konnten sich eben am leichtesten für diesen Spektralbereich maximaler Energiedichte ausbilden. Die Reflexion, aus der die bereits erwähnte Albedo von 30% resultiert, wird durch drei verschiedene Prozesse verursacht. Die nach dem englischen Physiker Lord Rayleigh (eigentlich John William Strutt, 1842 - 1919) benannte Streuung von Licht an Luftmolekülen (Sauerstoff, Stickstoff, Argon) hängt damit zusammen, dass ihre Elektronen durch die elektromagnetischen Lichtwellen zum Schwingen angeregt werden und daher wie kleine Radiosender ebenfalls elektromagnetische Strahlung derselben Wellenlänge (also Licht) nach allen Richtungen aussen-

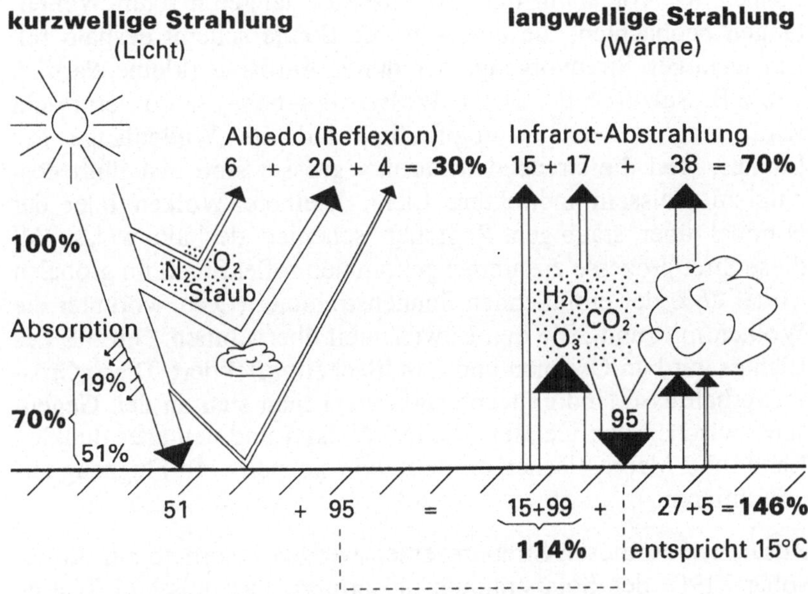

Abb. 3: Die wichtigsten Strahlungsprozesse, die den Treibhauseffekt verursachen. Die prozentualen Angaben beziehen sich auf den vierten Teil der Solarkonstanten, also 100% = 342 W/m². Gäbe die Erdoberfläche den gesamten Energiestrom von 146% in Form von Wärmestrahlung ab, ergäbe sich eine mittlere Temperatur von 33°C. Weil 27% für Verdunstung von Wasser und 5% für die Erwärmung aufsteigender Luft (Konvektion) verwendet wird, verbleibt ein Strahlungsstrom von nur noch 114%, was der heutigen Temperatur von 15°C entspricht.

den. Da dieser Vorgang am effizientesten für kurzwelliges (blaues) Licht abläuft, wird hauptsächlich blaues Licht gestreut. Falls wir nicht gegen die Sonne schauen, sehen wir vor allem derart gestreutes blaues Licht, der Himmel scheint deshalb blau. Schauen wir hingegen in die untergehende Sonne, deren flach einfallende Strahlen einen langen Weg innerhalb der Atmosphäre zurücklegen müssen, auf dem viel blaues Licht weggestreut wurde, können wir vor allem die verbleibenden längeren roten Wellenlängen beobachten, die untergehende Sonne scheint deshalb rot. Ein analoger Streuvorgang, der durch Aerosole (kleine Partikel wie z.B. Salzkristalle, kleine Wassertröpfchen, Staub) verursacht wird, reagiert weniger empfindlich auf die Wellenlänge des Lichtes, weil die streuenden Partikel grösser sind und führt deshalb zu weissem indirektem Licht. Kleinere Wolken oder der Himmel über staubigen Regionen scheinen deshalb weiss. All diese Streuprozesse zusammengenommen reflektieren im globalen Mittel 26% der einfallenden Sonnenstrahlung (Q/4), worunter die Wolken mit rund 20% den Löwenanteil übernehmen. Nur 4% des Lichtes wird an Ozeanen und Landflächen reflektiert. Diese Grössenverhältnisse sind einleuchtend, wenn man sich an den Gegensatz zwischen den gleissend hellen Wolken und den eher dunklen Land- und Meeresflächen erinnert, wie sie sich vom Flugzeug aus präsentieren.

Zusätzlich zu diesen Streuprozessen werden innerhalb der Atmosphäre 19% der Solarstrahlung absorbiert, das heisst in Wärme umgewandelt. Da Wärme nichts anderes als Bewegungsenergie von Atomen und Molekülen ist, können Absorptionsprozesse nur dann stattfinden, wenn die elektromagnetische Strahlung (hier Licht) irgendein Molekül "anfassen" und seine verschiedenen Atome gegeneinander "schütteln" (ergibt Vibrationsenergie) oder das ganze Molekül drehen (ergibt Rotationsenergie) kann. Da symmetrische Moleküle keinen solchen elektromagnetischen "Griff" (sog. Dipolmoment) aufweisen, können die Hauptkomponenten der Atmosphäre Stickstoff (N_2) und Sauerstoff (O_2) keine Strahlung absorbieren und müssen diese Aufgabe den asymmetrischen Spurengasen Wasserdampf (H_2O), Kohlendioxid (CO_2) und Ozon (O_3) überlassen. Das hauptsächlich in der Stratosphäre vorkommende Ozon besitzt Absorptionsbanden im ultravioletten Spektralbereich. Es ist deshalb kein Zufall, dass Landpflanzen erst vor rund 1 Milliarde Jahren Fuss fassen konnten, nachdem sich in der Atmosphäre genügend Sauerstoff angereichert hatte, der durch harte Ultraviolettstrahlung umgewandelt einen Ozon-Schirm gegen die tödliche Strahlung ausbilden konnte. Seit jener Zeit ist dieser Schutzschild heute zum ersten Mal in Gefahr, durch Fluorchlorkohlenwasserstoffe zerstört zu werden. Wasserdampf und Kohlendioxid absorbieren im infraroten Spektralbereich aufgrund einer grösseren Anzahl dort lokalisierter Rotations-Vibrations-Banden. Als Folge der beschriebenen Streu- und Absorptionsprozesse sowie etwas Absorption durch Wolken und Aerosole erreichen nur 55% der Sonnenstrahlung den Erdboden. Wie oben erwähnt, werden 4% reflektiert; 51% stehen also zur Verfügung, um den Erdboden zu erwärmen.

Analog wie beim vereinfachten Modell (Abb. 2) kommt zu diesem kurzwelligen Strahlungsstrom von 51% ein von der Atmosphäre ausgehender, langwelliger Wärmestrom hinzu und beide Ströme zusammen bilden den positiven Teil der Bodenenergiebilanz. Die mittlere atmosphärische Infrarotstrahlung, auch atmosphärische Gegenstrahlung genannt, beträgt 95% (von Q/4) und setzt sich aus zwei Komponenten zusammen, die beide etwa gleich gross sind. Einerseits strahlen die Wolken wie kompakte Körper gemäss ihrer Temperatur nach dem Stefan-Boltzmannschen Gesetz Wärme gegen den Erdboden. Eine mit Wolken bedeckte Winternacht ist deshalb wesentlich wärmer als eine kristallklare Sternennacht. Andererseits emittieren die asymmetrisch gebauten Spurengase (Wasserdampf, Kohlendioxid, Ozon) infrarotes Licht nach dem Kirchhoffschen Gesetz bei denjenigen Wellenlängen, bei denen sie auch absorbieren. Dies sind im wesentlichen drei Spektralbereiche, nämlich unterhalb 8 µm (Wasserdampf), 9-10 µm (Ozon) und oberhalb 13 µm (Kohlendioxid und Wasserdampf). Zwischen diesen Absorptionsbändern (8-9 und 10-13 µm) kann jedoch die

vom Erdboden ausgehende Wärmestrahlung bei klarem Himmel
fast ungehindert in den Weltraum austreten. Man spricht in diesem
Zusammenhang von einem atmosphärischen Fenster, das "Treib-
hausglas" besitzt, also "Löcher". Da sich dieses spektrale Fenster
gerade dort befindet, wo der Erdboden gemäss dem Strahlungsgesetz am meisten Energie abgibt, nämlich in der Umgebung von
10 μm, kommt ihm eine wesentliche Bedeutung zu. Diese Bemerkung macht auch klar, weshalb dem Ozon in bezug auf den Treibhauseffekt eine wichtige Rolle zufällt: Es absorbiert in einem
Spektralbereich, in dem einerseits keine anderen wesentlichen Absorptionsbanden liegen und der andererseits nahe beim Emissi-
onsmaximum des Erdbodens liegt.

Wir haben nun auf der positiven Seite der Bodenenergiebilanz
Strahlungsströme von 51% (kurzwellig) und 95% (langwellig),
total also 146% von Q/4 oder 499 W/m^2. Müsste dieser Energiestrom ausschliesslich durch Wärmestrahlung an die Atmosphäre
abgegeben werden, ergäbe sich eine Gleichgewichtstemperatur
von 33°C. Glücklicherweise werden aber 27% zur Verdunstung
von Wasser verwendet und 5% durch Konvektion, also durch aufsteigende Warmluft, an die Atmosphäre abgegeben. Die verbleibenden 114% ergeben die beobachtete mittlere Erdoberflächentemperatur von rund 15°C. Nur ein relativ kleiner Teil dieser
Strahlung, nämlich 15%, kann direkt via atmosphärisches Fenster
in den Weltraum austreten. Die restlichen 99% werden ein- oder
mehrmals durch Wasserdampf, Kohlendioxid, Ozon und Wolken
absorbiert und wieder emittiert, so dass schliesslich 38% durch
Wolken und 17% durch die erwähnten Spurengase in den Weltraum abgestrahlt werden. Insgesamt werden 15 + 38 + 17 = 70%
durch Wärmestrahlung abgegeben und gemäss der planetaren Albedo ($\alpha = 0.3$) auch 70% durch Sonnenlicht aufgenommen; die
Gesamtbilanz geht also auf und entspricht derjenigen unserer ersten vereinfachten Abschätzung des Treibhauseffektes.

Die komplexe Rolle der Wolken

Bei unserer Analyse der Strahlungsbilanz fällt die wichtige Rolle der Wolken sowohl auf der kurzwelligen wie auch auf der langwelligen Seite des Strahlungsspektrums auf. Tatsächlich sind Wasserdampf und Wolken für etwa 2/3 des Treibhauseffektes und Kohlendioxid nur zu etwa 1/3 verantwortlich. Will man verstehen, wie sich dieser natürliche Treibhauseffekt verändern könnte, muss man also wissen, wie sich dabei Art, Höhenlage und Menge der Wolken verändern würden. Dies ist, wie noch gezeigt werden wird, das Hauptproblem bei der Ausarbeitung von Klimaprognosen.

Weshalb entstehen überhaupt Wolken? Die Ozeane, aber auch die Landpflanzen, geben riesige Wasserdampfmengen an die bodennahe Luftschicht ab. Durch vertikale Durchmischungsprozesse (aufsteigende Thermikblasen, Gewitter, Anhebung von Luftmassen bei der Überströmung von Gebirgen, im Innern von Tiefdruckgebieten oder an Kaltfronten) wird die Feuchtigkeit in die Höhe transportiert. Bei diesem Vertikaltransport kommen die entsprechenden Luftmassen in Regionen mit immer niedriger werdendem Luftdruck und dehnen sich deshalb wie ein Ballon aus. Aufgrund fundamentaler Gesetze der Wärmelehre sinkt die Temperatur in einer sich ausdehnenden Luftmasse ab, im vorliegenden Fall um rund 10 K pro km Aufstieg. Enthält eine solche Luftmasse jedoch genügend Wasserdampf, kann die Temperatur bis zum Taupunkt absinken, bei dem die relative Feuchte 100% erreicht und der Wasserdampf zu feinen Nebeltröpfchen kondensiert: Es entstehen Wolken. Die dabei frei werdende Kondensationswärme wirkt als Heizung, und die Luftmasse kühlt sich bei ihrem weiteren Aufstieg um weniger als 10 K je km ab. Bei einer Temperatur von 0°C beträgt die Abkühlung beispielsweise nur noch etwa 6.5 K pro km. Es kommt nun oft vor, dass die Atmosphäre aufgrund der Strahlungsprozesse eine Temperaturabnahme zeigt, die grösser ist als diejenige eines aufsteigenden wasserdampfgesättigten Luftpaketes. In diesem Fall bleibt dieses immer wärmer als seine Umgebung, und es kann deshalb weiter aufsteigen, bis es an der immer stabil geschichteten unteren Stratosphäre anstösst und abgebremst wird. Auf diese Weise können riesige Luftmassen bis auf 15 - 18 km Höhe aufsteigen und imponierende Gewitter mit Starkregen oder sogar Hagel, Blitz und Donner bilden. Das Anstossen der entsprechenden Cumulonimbuswolken oberhalb der Tropopause wird als "Amboss" sichtbar. Solche Gewitter pumpen riesige Wassermassen in hohe Regionen der Troposphäre, die schleierartige Cirrus- oder Altostratuswolken bilden können, die den Treibhauseffekt verstärken.

Was bewirken die Wolken? Durch ihre Eigenschaft, Sonnenlicht zu reflektieren und Wärme zu absorbieren, greifen sie in den

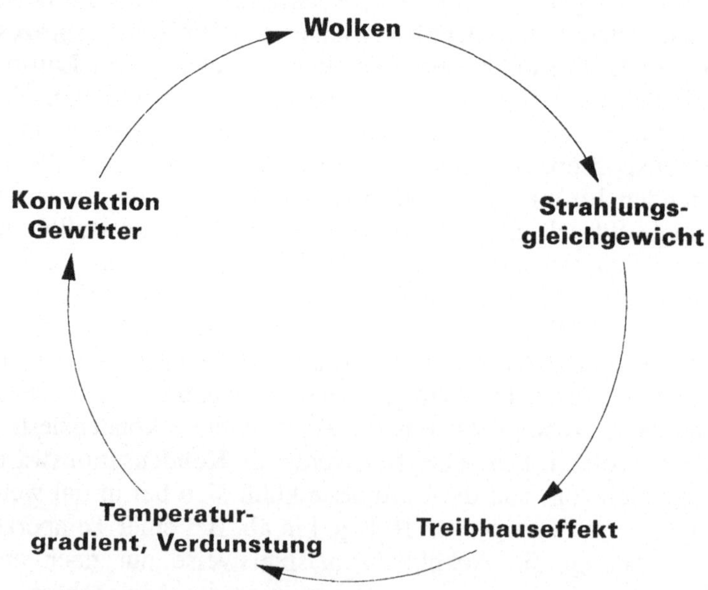

Abb. 4:   Zirkuläre Kausalkette nichtlinearer Prozesse, Wolken und Treibhauseffekt enthaltend

Strahlungshaushalt ein und bilden so einen wesentlichen Faktor zur Bestimmung der Temperaturverteilung innerhalb der Troposphäre. Diese zeigt im Mittel eine Temperaturabnahme von +15°C auf dem Meeresniveau nach -56.5°C auf dem Tropopausenniveau in 11 km Höhe (vgl. Abb. 1). Durchschnittlich nimmt also die Lufttemperatur um (56.5+15)/11 = 6.5 K je km ab. Wie wir gesehen haben, kühlt sich ein wasserdampfgesättigtes Luftpaket bei seinem Aufstieg gerade etwa um denselben Wert pro km ab. Würde sich der troposphärische Temperaturgradient etwas verändern, hätte dies also einen grossen Einfluss auf die Wolken- und Gewitterbildung: Ein stabilerer Gradient von -6 K/km würde diese hemmen, ein instabilerer von -7 K/km jedoch fördern. Wolken- und Gewitterbildung hängen also von der troposphärischen Temperaturverteilung ab, die wiederum stark durch die Wolken beeinflusst wird. Es liegt also die gedanklich schwierig zu begreifende, bei natürlichen Systemen aber oft auftretende Situation einer kreisförmig geschlossenen Kausalkette vor, die keinen Anfang und kein Ende hat (vgl. Abb. 4). Für unser gewohnheitsmässig lineares Denken bereitet eine solche Situation Kopfzerbrechen, weil wir nicht mehr zwischen Ursache und Wirkung aufteilen können, da jede Ursache via die Wirkung auf sich selbst zurückwirkt. Das Studium solcher Huhn-Ei-Prozesse im Rahmen der Dynamik nichtlinearer Systeme (teilweise auch "Chaos-Theorie" genannt) hat seit den 80er Jahren eine Fülle hochinteressanter Ergebnisse gebracht. Es hat sich insbesondere gezeigt, dass zirkulär kausale Systeme die Fähigkeit haben können, spontan räumliche und zeitliche Strukturen zu bilden, was als Selbstorganisation bezeichnet wird. Das Interesse an derartigen Systemen ist sehr gross, weil damit vermutlich die Entstehung komplexer Systeme wie Lebewesen oder Ökosysteme mindestens im Prinzip verstanden werden kann. In bezug auf anthropogene Klimaveränderungen dürfte die Feststellung interessant sein, dass zirkulär kausale Systeme Phasenübergänge bei ganz bestimmten (kritischen) Parameterwerten, Schwingungen oder sogar schlecht vorhersagbares chaotisches Verhalten zeigen können. Auf das Klimasystem übertragen könnte dies bedeuten, dass das System bei bestimmten Temperaturen "umkippt" und in einen anderen Zustand übergeht, instabil wird und zu oszillieren beginnt, oder sogar grosse und weitgehend zufällige und unregelmässige Schwankungen ausführt. Kombinationen dieser Verhaltensweisen wären ebenfalls denkbar.

Aufwendige Berechnungen

Um die oben geschilderten Strahlungsprozesse zu simulieren, müssen alle Streuprozesse mit ihrer Wellenlängenabhängigkeit und Tausende von Absorptionsbanden aller relevanter Spurengase (mindestens Wasserdampf, Kohlendioxid und Ozon) berücksichtigt werden. Weiter muss die Atmosphäre in viele Schichten unterteilt werden, um die gegenseitigen Energieübertragungsprozesse berechnen zu können. So muss formuliert werden, dass eine bestimmte Schicht gemäss ihrer Temperatur und gemäss den Konzentrationen der verschiedenen Spurengase Strahlung einer bestimmten Wellenlänge emittiert, die in den beiden Nachbarschichten gestreut oder teilweise absorbiert werden kann, so dass die übernächsten Nachbarschichten weniger Strahlung erhalten. Dies muss für jede Wellenlänge im kurzwelligen sowie im langwelligen Spektralbereich und für jede Atmosphärenschicht durchgerechnet werden. Diese Aufgabe wird mit Hilfe eindimensionaler Strahlungstransportmodelle durchgeführt, die vorerst eine approximative Temperaturverteilung annehmen und diese sodann in einem iterativen Verfahren sukzessive korrigieren. Dies heisst, dass die Rechnung über alle Wellenlängen und alle Schichten so lange wiederholt wird, bis ein Strahlungsgleichgewicht erreicht wird. Dass ein Modell eindimensional ist, bedeutet, dass nur eine einzige, für die mittlere Atmosphäre repräsentative Säule durchgerechnet wird.

Um die Wolken miteinzubeziehen, wird ein solches Modell mit einem ebenfalls eindimensionalen Modell zur Berechnung der Vertikaltransportprozesse (Konvektionsmodell) gekoppelt. Im

26

Gegensatz zu den Strahlungsprozessen, die aufgrund der vielen gemessenen Absorptionsbanden recht detailliert und exakt berechnet werden können, basieren Konvektionsmodelle auf einer stark vereinfachten Darstellung der Prozesse, bei der mit ajustierten Parameterwerten gearbeitet wird. Parameter sind vorerst unbekannte Zahlenwerte, die zwischen zwei Grössen vermitteln und ähnlich wie Justierschrauben gedreht werden, bis das Rechenergebnis mit den Beobachtungen übereinstimmt. Nachdem die Rechnung so an das gewollte Ergebnis angepasst wurde, kann selbstverständlich nicht mehr von einer Berechnung des Treibhauseffektes gesprochen werden. Dieses Vorgehen hat aber trotzdem seinen Sinn, indem man die Rechnung mit leicht geänderten Spurengaskonzentrationen, wie sie anthropogenen Auswirkungen entsprechen, wiederholen kann. Man nimmt dabei an, und dies ist der heikle Punkt bei diesem Verfahren, dass man die vorher angepassten Parameterwerte auch für die modifizierte Rechnung beibehalten kann. Für eine Diskussion der Grenzen dieser Vorgehensweise sei auf das dritte Kapitel über Modelle verwiesen.

Die hausgemachte Verstärkung des Treibhauseffektes

Nach der Behandlung der physikalischen Ursachen des natürlichen Treibhauseffektes ist klar, dass dieser beeinflussbar ist durch Veränderungen der Struktur und Lage der Wolken sowie der Konzentrationen strahlungsabsorbierender (asymmetrischer) Moleküle. Die Aufgabe besteht also darin, sämtliche anthropogenen Emissionen auf ihre Strahlungsabsorption hin zu untersuchen und gemäss ihrer Treibhauswirksamkeit zu ordnen.

Die fünf wichtigsten anthropogenen Treibhausgase

Die wichtigsten anthropogenen Treibhausgase sind in der Reihenfolge ihrer Wichtigkeit CO_2 (Kohlendioxid), CH_4 (Methan), CFC

(Fluorchlorkohlenwasserstoffe), O_3 (Ozon) und N_2O (Lachgas). Obschon durch menschliche Aktivitäten (Kühltürme, Rauchgase, Verkehr) grosse Mengen von H_2O (Wasserdampf) emittiert werden, und obschon H_2O das insgesamt wichtigste Treibhausgas ist, erscheint es nicht in der Liste der anthropogenen Treibhausgase, weil die durch technische Prozesse bedingten Emissionen gegenüber den natürlichen Verdunstungsprozessen vernachlässigbar klein sind. Dies wird deutlich aus folgender Abschätzung: Nehmen wir ruhig an, die Menschheit verwende ihre ganze Energie zum Wasserverdampfen. Wie bereits erwähnt, ist die auf die Erde eingestrahlte Sonnenenergie 13'000mal grösser als der Weltenergieverbrauch, und davon werden 27% (vgl. Abb. 3) zur Verdunstung von Wasser aus Ozeanen und Pflanzen verwendet. Die anthropogene Wasserdampfmenge ist demnach mindestens 3500mal kleiner als die natürliche und deshalb zu vernachlässigen. Es muss hier allerdings eine wichtige Bemerkung angefügt werden. Der Mensch verändert seit Jahrtausenden die Erdoberfläche durch verschiedenste Aktivitäten. So ist beispielsweise die Waldgrenze im Alpenraum innerhalb der vergangenen 6000 Jahre durch anthropogene Einflüsse sukzessive von rund 2200 auf 1800 m über Meer abgesunken. Weiter wurde der Appennin durch die Römer zum Bau ihrer Handels- und Kriegsflotte irreversibel abgeholzt, und heute verschwinden stündlich etwa 13 km^2 tropischer Regenwald durch Brandrodung. Durch andere unsachgemässe Anbaumethoden versteppen jede Stunde weitere rund 7 km^2, indem der fruchtbare Boden durch Erosionsvorgänge abtransportiert wird. In Zentraleuropa wurden die ursprünglichen Laubwälder zum grössten Teil in Acker- und Weideland oder in kommerziell effizientere Fichtenwälder umgewandelt. Gleichzeitig wurden viele Sumpfgebiete durch Flusskorrekturen drainiert (z.B. die Linthebene durch C. Escher oder die Oberrheinische Tiefebene durch J.G. Tulla). Dazu kommt die Verbetonierung der Bodenflächen durch überdimensionierte Strassenbauprojekte sowie durch Siedlungen und Industrieareale für die schnell anwachsende Bevölkerung. Allein in der Schweiz wurden der

Landwirtschaft bis heute etwa 1300 km^2 wertvolles Kulturland entzogen, was rund 10% der intensiv nutzbaren Fläche des Landes ausmacht. All diese Veränderungen modifizieren den Wasserhaushalt und beeinflussen damit den Treibhauseffekt und das Klima. Diese über Jahrhunderte sich ergebenden schleichenden Veränderungen werden jedoch normalerweise innerhalb der Treibhaus-Diskussion nicht berücksichtigt. Währenddem die regionalen Auswirkungen solcher Veränderungen (z.B. Temperaturgegensatz Stadt-Land) deutlich spürbar sind, so ist deren globale Relevanz noch nicht klar zu beziffern.

Kohlendioxid (CO_2)

Das mit Abstand wichtigste anthropogene Treibhausgas ist CO_2. Der kumulative Treibhauseffekt der heutigen CO_2-Emissionen über die kommenden 100 Jahre macht rund 60% der gesamten anthropogenen Verstärkung des Treibhauseffektes in diesem Zeitraum aus. Seit dem Beginn der Industrialisierung im 18. Jahrhundert ist die globale atmosphärische CO_2-Konzentration von ihrem nacheiszeitlichen Gleichgewichtswert von 280 ppm (0.028 Volumenprozente) auf 353 ppm (1990), d.h. um 26%, angewachsen. Sie nimmt heute mit einer Geschwindigkeit von jährlich rund 1.8 ppm entsprechend um 0.5% weiter zu, wie die seit dem geophysikalischen Jahr 1958 auf dem rund 3500 m hohen Vulkanberg Mauna Loa (Hawaii) kontinuierlich gemessenen Werte zeigen. Die auf der entsprechenden Abbildung 5 sichtbaren Oszillationen widerspiegeln die Aktivität der primär auf der Nordhalbkugel lokalisierten Biosphäre: Durch Assimilation (Photosynthese) werden im Sommerhalbjahr riesige CO_2- Mengen in die Biomasse aufgenommen und im Winterhalbjahr durch Verrottung wieder an die Atmosphäre abgegeben. Es handelt sich um einen geschlossenen Kreislauf, das Recycling ist perfekt: Das Endprodukt CO_2 der Verrottung (Abfall) dient vollständig als Rohstoff für den Aufbau neuer Pflanzen, und als einzige Energiequelle wird die Sonne verwendet. Eine kurze Umrechnung zeigt uns die mit diesem grossen Ein- und Ausatmen der Natur verbundenen Kohlenstoffströme. Die Atmosphäre hat eine Masse von insgesamt $5.3 \cdot 10^{18}$ kg (Luftdruck auf Meereshöhe multipliziert mit der Erdoberfläche und dividiert durch die Erdbeschleunigung

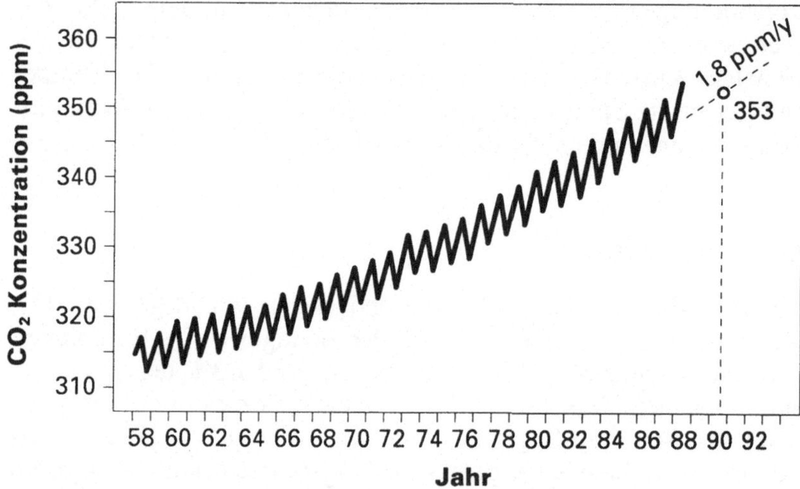

Abb. 5: Atmosphärische CO_2-Konzentration gemessen im Mauna Loa Observatorium (Hawaii). Der wellenförmige Verlauf der Monatsmittel ist durch die Aktivität der Biosphäre bedingt: Im Sommer CO_2-Reduktion aufgrund der Assimilation und im Winter CO_2-Zunahme durch Verrottung von organischem Material. Die jährliche Zunahme beträgt heute 1.8 ppm entsprechend 0.5% (nach C.D. Keeling).

ergibt die Atmosphärenmasse). Das mittlere Molekulargewicht der Luft beträgt 29 g/Mol; die Atmosphäre enthält also $180 \cdot 10^{18}$ Mol Luftmoleküle. Die in Abbildung 5 erkennbare Oszillationsamplitude von 6 ppm entspräche $1.1 \cdot 10^{15}$ Mol C-Atome à 12 g/Mol oder rund 13 GtC (13 Gigatonnen Kohlenstoff), wenn sie überall in der Atmosphäre genauso wie in Hawaii auftreten würde. Aufgrund des Übergewichtes der Biomasse auf der Nordhalbkugel

30

sind jedoch die in Alaska gemessenen Schwankungen 2.5mal grösser, währenddem sie am Südpol 5mal kleiner sind. Zudem bewirken die tropischen Regenwälder einen übers ganze Jahr hinweg etwa gleichbleibenden Kohlenstoffaustausch, der sich nicht in der Form atmosphärischer Konzentrationsschwankungen bemerkbar macht. Eine detaillierte Analyse liefert deshalb eine rund 4mal grössere Kohlenstoffmenge, nämlich rund 50 GtC, die jährlich zwischen Atmosphäre und Biosphäre ausgetauscht wird. Zieht man auch noch den Tagesgang in Betracht, sind es sogar etwa 100 GtC, denn die Pflanzen atmen nachts etwa die Hälfte des tagsüber fixierten Kohlendioxids wieder aus.

Analog lassen sich die anthropogenen Emissionen in eine Zunahme der atmosphärischen CO_2-Konzentration umrechnen. Die fossilen Energieträger (Erdöl, Kohle) liefern heute jährlich rund 6 GtC, wozu noch einmal rund 2 GtC durch Brandrodungen der tropischen Regenwälder hinzukommen. Entsprechend dem oben berechneten Verhältnis von 6 ppm pro 13 GtC und der Berücksichtigung der Aufnahme des halben Emissionsstromes durch die Ozeane ergibt sich eine jährliche Zunahme von 4 GtC entsprechend 1.8 ppm oder 0.5%, was auch direkt aus Abbildung 5 als Trend herausgelesen werden kann. Aufgrund wesentlich detaillierterer als der hier dargestellten Kenntnisse über den globalen Kohlenstoffkreislauf (vgl. Kap. III) und über den Verlauf der atmosphärischen CO_2-Konzentration während der vergangenen 160'000 Jahre (vgl. Kap II) kann der Zusammenhang zwischen dem globalen CO_2-Anstieg und der Nutzung fossiler Energie nicht mehr angezweifelt werden.

Methan (CH_4)

Methan ist das zweitwichtigste anthropogene Treibhausgas, das in Zukunft sogar dem CO_2 den ersten Platz streitig machen könnte. Der kumulative Treibhauseffekt der heutigen CH_4-Emissionen über die kommenden 100 Jahre macht rund 15% der gesamten anthropogenen Verstärkung des Treibhauseffektes in diesem Zeitraum aus. Viel drastischer als beim CO_2 ist der Konzentrationsanstieg des CH_4 seit der Industrialisierung von 0.8 ppm auf 1.72 ppm im Jahre 1990, was einer Zunahme von 115% entspricht. Bezieht man die heutige Konzentration auf ein mittleres nacheiszeitliches Niveau von rund 0.65 ppm, ergibt sich sogar ein Anstieg um 165%. Die jährliche Zuwachsrate ist mit 0.9% fast doppelt so hoch wie beim CO_2 und dürfte in Zukunft noch weiter anwachsen, denn die CH_4-Konzentration hängt eng mit der Welt-

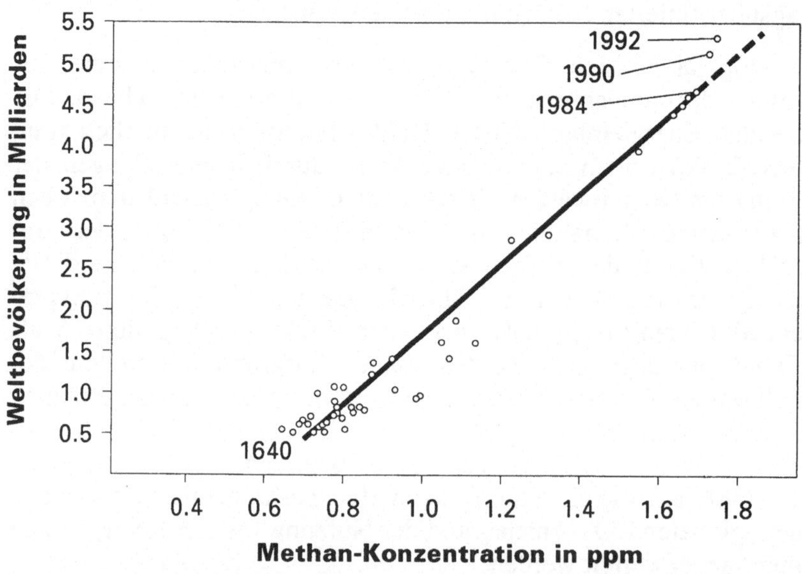

Abb. 6: Das Wachstum der Weltbevölkerung und die Zunahme der Methankonzentration in der Atmosphäre sind weitgehend linear miteinander verknüpft. Die Ursache der verringerten Zunahme der Methankonzentration während der vergangenen Jahre ist noch unbekannt (nach B. Bolin, 1986 sowie IPCC 1990 und 1992).

bevölkerung zusammen, und diese wächst mit erschreckenden 2% pro Jahr. In Abbildung 6 ist diese weitgehend lineare Korrelation zwischen CH_4 und der Anzahl Menschen über einen Zeitraum von 350 Jahren hinweg dargestellt, während dem die Menschheit um eine volle Zehnerpotenz anwuchs. Die hauptsächlichen Methanquellen sind Bakterien, die im Wasser unter Luftabschluss (anaerob) organisches Material abbauen. Dadurch wird heute in Reisfeldern schätzungsweise etwa gleichviel Methan produziert wie in natürlichen Feuchtgebieten (Sümpfe, Moore, Tundra). Die zweitwichtigste Quelle sind Verdauungstrakte wiederkäuender Tiere wie Rinder und Schafe, deren Anzahl wie auch die Flächen der Reisfelder direkt mit der menschlichen Population zusammenhängt. Weitere Quellen wie die Erdgas-, Kohle- und Ölförderung, die Verbrennung von Biomasse (z.B. Brandrodung von Regenwäldern) und Mülldeponien haben auch ihren direkten Bezug zum Menschen. Vielleicht wird durch den Menschen via Landnutzungsänderungen sogar die globale Termitenpopulation vergrössert, die etwa gleichviel Methan produziert wie die Müllhalden oder wie die Verbrennung von Biomasse. Bis auf die natürlichen Feuchtgebiete, die jährlich rund 0.1 Gt Methan freisetzen, korrelieren also alle übrigen wichtigen Quellen, die zusammengenommen noch einmal etwa 0.4 Gt beisteuern, positiv mit der Weltbevölkerung, wodurch sich das in Abbildung 6 dargestellte Resultat erklärt.

Der wesentliche Prozess für die Entfernung von CH_4 aus der Atmosphäre (Senke) ist die chemische Reaktion mit dem Hydroxyl-Radikal OH. Dies ist ein äusserst reaktives und deshalb kurzlebiges Molekül, das durch Wasserdampf (H_2O) und Ozon (O_3) vor allem in der Höhe der Tropopause (8-12 km über Meer) gebildet wird und für die luftchemischen Vorgänge in der Troposphäre die Schlüsselrolle spielt. Bei dieser CH_4-Abbaureaktion mit dem OH-Radikal ergeben sich nach Durchlaufen komplizierter Reaktionsketten schliesslich CO_2 und H_2O als stabile Endprodukte. Da etliche der ebenfalls entstehenden Zwischenprodukte an Ozonbildungsprozessen beteiligt sind, fördert der CH_4-Abbaumechanismus die Produktion von Ozon in der Troposphäre. Es entstehen also die drei wichtigen Treibhausgase CO_2, H_2O und O_3 als Folge des CH_4-Abbaus, so dass neben der direkten Klimawirksamkeit von CH_4 auch noch sogenannte indirekte Effekte seiner Abbauprodukte zu berücksichtigen sind, was die Rolle des Methans in bezug auf den Treibhauseffekt enorm kompliziert. Aus den rund 0.4 Gt/y anthropogenen CH_4-Emissionen ergeben sich 0.3 Gt C/y, was etwa 4% der anthropogenen CO_2-Emissionen ausmacht. Die entstehende Wasserdampfmenge wäre vollständig vernachlässigbar, wenn deren Produktion sich auf die Wetterschicht (Troposphäre) beschränken würde. Durch die mit Temperaturen um -57°C als Kältefalle wirkende Tropopause kann nur wenig H_2O in die Stratosphäre vordringen, weshalb diese äusserst trocken ist. CH_4 kann nun aber diese Wasserdampf-Kältefalle passieren und via die oben beschriebenen Abbaureaktionen relevante Mengen H_2O in die Stratosphäre einschmuggeln. Heute wird schätzungsweise bereits jedes zweite H_2O-Molekül oberhalb der Troposphäre durch CH_4 produziert. Dadurch können schleierartige stratosphärische Wolken vor allem in den polaren Gegenden entstehen, die den Treibhauseffekt verstärken. Beobachtungen lassen sogar den Schluss zu, dass CH_4-induziertes H_2O bis an die Mesopause, die kälteste Stelle der Atmosphäre auf rund 80 km Höhe, vorgedrungen ist. Dort entstehen bei Temperaturen unter -140°C in mittleren bis hohen Breiten hoch liegende Wolkenschleier, die von den Sonnenstrahlen auch nachts erreicht werden können und deshalb als leuchtende Nachtwolken in Erscheinung treten. Dieses im Laufe des 20. Jahrhunderts immer häufiger auftretende Phänomen wurde vor 1885 nicht beobachtet und scheint darauf hinzudeuten, dass bereits wesentliche Veränderungen in der Spurengaszusammensetzung bis in die Mesosphäre stattgefunden haben.

Fluorchlorkohlenwasserstoffe (CFC)

Als CFC (für englisch chlorofluorocarbons, deutsch auch als FCKW abgekürzt) bezeichnet man eine Gruppe verschiedener

Substanzen, die vollständig künstlich hergestellt werden und in der Troposphäre absolut inert sind, d.h. weder chemisch umgewandelt noch durch Regen ausgewaschen werden können und für Menschen, Tiere und Pflanzen völlig ungefährlich sind. Diese Reaktionsträgheit verursacht denn auch neben weiteren hervorragenden Eigenschaften das technische Interesse an diesen Substanzen. Die wichtigsten sind CFC-11 (C Cl$_3$ F) für das Schäumen poröser Kunststoffe (z.B. Isolationsmaterial) oder als Treibgas für Spraydosen und CFC-12 (C Cl$_2$ F$_2$) als Betriebsmittel für Kälteanlagen (z.B. Kühlschränke). Spätestens nach der Verschrottung der Kälteanlagen oder nach der Verbrennung alter Kunststoffe werden alle CFC an die Atmosphäre abgegeben, wo sich ihre Reaktionsträgheit nun als Pferdefuss offenbart. In Ermangelung natürlicher troposphärischer Abbauprozesse für dieses Kunstprodukt reichern sich die CFC immer weiter an und steuern heute rund 12% zum Treibhauseffekt bei. Mit Hilfe der oben erläuterten Umrechnung von 6 ppm pro 13 GT C ergibt sich unter Berücksichtigung des mittleren Molekulargewichtes von 128 g/Mol für CFC-11/-12 und der jährlichen Emissionen von rund 800 kt (1990) ein Anstieg von 34.5 ppt/y (ppt = parts per trillion = 10^{-12}). Dies ist etwas mehr als der gemessene Anstieg von 26.5 ppt/y, weil die CFC durch langsame Diffusionsprozesse in die höhere Stratosphäre aufsteigen können, wo sie durch die intensive Ultraviolettstrahlung zerlegt werden. Durch diese Photodissoziation wird die Treibhauswirksamkeit zwar eliminiert, doch unter den dabei entstehenden Folgeprodukten befindet sich ein schwarzes Schaf, nämlich das Chlor-Radikal, welches in einem katalytischen Kreisprozess (ohne dabei selbst abgebaut zu werden) Ozon zerstört. Um die heutigen CFC-Konzentrationen zu stabilisieren, dürften also die Emissionen nicht grösser sein als ihr Fluss in die Stratosphäre gemäss 34.5-26.5 = 8 ppt/y. Dies entspricht einer Reduktion der Produktion dieser beiden Substanzen auf 8/34.5 = 23%, oder anders ausgedrückt müsste die Produktion um 75-80% gedrosselt werden. Bis hingegen die heutige Konzentration von 764 ppt (1990) bei einem absoluten Produktionsstopp wieder mehr oder weniger auf 0 ppt abklingen würde, was in den 50er Jahren noch annähernd zutraf, vergingen mehrere Jahrhunderte. Da ein derartiger Ausgleichsprozess zwischen Troposphäre und Stratosphäre etwa exponentiell abklingt, würde die Konzentration nach (764/8 =) ca. 100 Jahren auf 37%, nach 200 Jahren auf 37% von 37%, also 14% usw. zurückgehen. Selbst bei einem sofortigen Produktionsstopp würden also noch Jahrhunderte lang CFC in die Stratosphäre diffundieren und die lebenswichtige Ozonschicht abbauen. Die für technische Anwendungen so harmlos erscheinenden CFC weisen also gleich zwei gravierende Wirkungen auf. Währenddem die Treibhauswirkung mit einem Rückgang der Produktion auf etwa einen Fünftel auf einem vertretbaren Niveau stabilisiert werden könnte, so fordert die mögliche Zerstörung des Ozonschildes einen sofortigen Produktionsstopp. Ohne die rund 3 mm dicke "Sonnenbrille" der Erde (alles Ozon zusammengenommen ergäbe bei Atmosphärendruck und Zimmertemperatur eine nur 3 mm dicke Gasschicht) wäre nämlich jegliches Leben an der Erdoberfläche unmöglich, weil die tödliche Ultraviolettstrahlung die in jeder Zelle enthaltene Erbinformation (fadenartiges DNS-Molekül zu sog. Chromosomen aufgewickelt) zerstören würde. Das Leben müsste sich in einem solchen Falle unter die Meeresoberfläche zurückziehen, wo es vor ca. 1 Milliarde Jahren herkam, nachdem die Ozonschicht genügend dick geworden war. Trotz dieses Wissens wuchs die Emissionsrate und damit die atmosphärische Konzentration im Jahre 1990 um rund 4% pro Jahr an, was einer Verdoppelungszeit von nur 17 Jahren entsprach. Es besteht allerdings berechtigte Hoffnung, dass aufgrund des anlässlich einer Konferenz zum Schutze der Erdatmosphäre in Montreal im September 1987 erstellten und von vielen Staaten unterzeichneten Protokolls über die Reduktion ozonabbauender Substanzen in naher Zukunft eine deutliche Trendwende sichtbar wird. Es ist aber gleichzeitig zu erwähnen, dass das Montrealer Protokoll nach Modellrechnungen keine auch nur annähernd ausreichende Massnahme zur Rettung der Ozonschicht darstellt. Es wurde mit zuviel Rücksicht auf die Industrienationen formuliert,

36

und wichtige Entwicklungsländer wie z.B. Indien wollen es im Hinblick auf eine möglichst ungehemmte "Entwicklung" nicht unterzeichnen.

In bezug auf das Klimaproblem dürfte also die Bedeutung der CFC aufgrund bereits angelaufener Substitutionsmassnahmen in Zukunft abnehmen. Was die Zerstörung der Ozonschicht anbelangt ist aber höchstens gedämpfter Optimismus angesagt; es sind noch riesige Anstrengungen notwendig, um eine direkte lebensbedrohende Entwicklung bis zur Mitte des kommenden Jahrhunderts abzuwenden.

Ozon (O_3)

Das schädliche Ozon in der Troposphäre nimmt zu

Wie bereits im Zusammenhang mit CH_4 erläutert, entsteht Ozon in der Troposphäre über komplexe Reaktionsketten, die Hunderte von Reaktionsgleichungen umfassen und das OH-Radikal als Schlüsselelement beinhalten. Als Ausgangsprodukte für die Reaktionen gelten neben Methan (CH_4) noch weitere anthropogene Spurengase aus Industrie, Verkehr und Heizungen wie Nichtmethankohlenwasserstoffe (NMHC, z.B. nur teilweise verbranntes Benzin aus dem Autoverkehr), Stickoxide (NO_X) und Kohlenmonoxid (CO). Ozon ist als Treibhausgas besonders in der höheren tropischen und subtropischen Atmosphäre wichtig und steuert heute etwa 8% zur anthropogenen Verstärkung des Treibhauseffektes bei. Seine Verteilung innerhalb der Troposphäre ist aufgrund seiner kurzen Lebensdauer (in der höheren Troposphäre einige Wochen, nahe der Bodenoberfläche nur Stunden) sehr inhomogen und entsteht in einem komplexen Wechselspiel zwischen chemischen, photochemischen (durch Ultraviolettstrahlung ausgelöste) und dynamischen (Austausch- und Transportvorgänge) Prozessen. Ozon wird durch verschiedene chemische Prozesse zerstört, aber auch durch den Kontakt mit Pflanzenoberflächen, die dadurch geschädigt werden können, sobald die Konzentration eine kritische Schwelle übersteigt. Um auch Pflanzen zu schützen, die auf Ozon empfindlicher reagieren als Menschen, wurde in der Schweiz ein Luftqualitätsziel folgendermassen festgelegt: Die O_3-Konzentration sollte nirgends 120 µg/m^3 entsprechend 60 ppb während mehr als einer Stunde pro Jahr überschreiten. Empfindliche Pflanzen, wie beispielsweise gewisse Tabaksorten, zeigen bei höheren Konzentrationen nach wenigen Stunden bereits die für Ozonschäden charakteristischen gelben Fleckenmuster. Dies deutet darauf hin, dass das Qualitätsziel nicht zu streng angesetzt wurde, wie dies andere Länder im Hinblick auf ihre viel höheren Grenzwerte teilweise behaupten. Es ist aber nicht so, dass dieses Ziel in der Schweiz auch nur annähernd erreicht wäre. Über grossen Teilen des Schweizerischen Mittellandes wird es während Hunderten von Stunden überschritten, wobei Maximalwerte in ländlichen Gegenden von 300-400 µg/m^3 gemessen werden, so dass mit merklichen Ernteeinbussen in der Landwirtschaft gerechnet werden muss. Ozon wird aber nicht nur durch Pflanzen zerstört, sondern auch durch Photolyse (Ultraviolettstrahlung) in O und O_2 aufgespalten und hernach mit Hilfe von Wasserdampf (H_2O) ins Schlüssel-Radikal OH (Hydroxyl) überführt. Wie bereits im Zusammenhang mit dem Methanabbau erwähnt, findet dieser Prozess vorwiegend im Tropopausenniveau statt, das aus diesem Grunde eine für die Atmosphärenchemie empfindliche Höhenschicht darstellt. Der sich in dieser sensitiven Zone abspielende internationale Luftverkehr könnte deshalb eine relevante Störung der globalen atmosphärenchemischen Vorgänge bewirken und so indirekt einen heute noch unterschätzten Klimafaktor darstellen.

In den letzten Jahren wurden zusätzlich zu den erläuterten reinen Gasphasenreaktionen Indizien gefunden, die darauf hindeuten, dass auch Staub (Aerosoloberflächen) am Reaktionsgeschehen teilnehmen und so einen weiteren Komplikationsfaktor beim Verständnis der Ozon-Photochemie darstellen könnte.

Aus den oben erwähnten Gründen der inhomogenen Verteilung sowie der Kurzlebigkeit ist es äusserst schwierig, den langjährigen Trend der globalen treibhauswirksamen, troposphärischen Ozonkonzentration festzustellen. Obschon dieses Molekül bereits 1839 vom an der Universität Basel lehrenden Chemieprofessor C.F. Schönbein entdeckt und wenige Jahre später mit Hilfe sog. "Schönbein-Papiere" in der Umgebungsluft in Wien nachgewiesen wurde, sind die Angaben zu Ozonkonzentrationen im 19. Jahrhundert spärlich und von zweifelhafter Genauigkeit. Vergleiche von Messungen, die 1876-86 in Montsouris bei Paris durchgeführt wurden, mit heutigen ländlichen Messungen in Europa und Nordamerika, legen eine mittlere Zunahme der Ozonkonzentrationen in der unteren Troposphäre auf der Nordhalbkugel um 100-200% innerhalb der vergangenen hundert Jahre nahe. Die aus stratosphärischen Lufteinschüben stammende natürliche troposphärische Hintergrundkonzentration liegt in Bodennähe im Mittel vermutlich um etwa 10 ppb und nimmt nach oben zu. Da die anthropogenen Vorläufersubstanzen vorwiegend in Bodennähe freigesetzt werden, sind jedoch heute über grossen Gebieten der Nordhalbkugel die Ozon-Konzentrationen innerhalb der planetaren Grenzschicht (1-2 km über Grund) höher als in der darüber liegenden freien Troposphäre, der vertikale Konzentrationsgradient wurde also umgedreht. Ein Vergleich europäischer Messungen zwischen 1930 und 1950 mit solchen der 70er Jahre legt für diesen Zeitraum von ca. 30 Jahren etwa eine Verdoppelung der Ozonkonzentrationen in der unteren Troposphäre nahe. Aussagen für höhere Troposphärenschichten können erst ab den 60er Jahren aufgrund von Ballonsondierungen gemacht werden. Diese zeigen über Nordeuropa und Japan einen Trend von ca. +1% pro Jahr unterhalb von 8 km Höhe. In der Schweiz werden durch die Meteorologische Anstalt seit 1969 von Payerne aus regelmässig Ozonsonden gestartet (2-3 mal wöchentlich), die bis in Höhen von 30-33 km aufsteigen. Die in Abbildung 7 dargestellten, über je 100 Sondierungen gemittelten Ozonverteilungskurven zeigen eine Zunahme in der Troposphäre (unterhalb von 10 km) von 10-12%

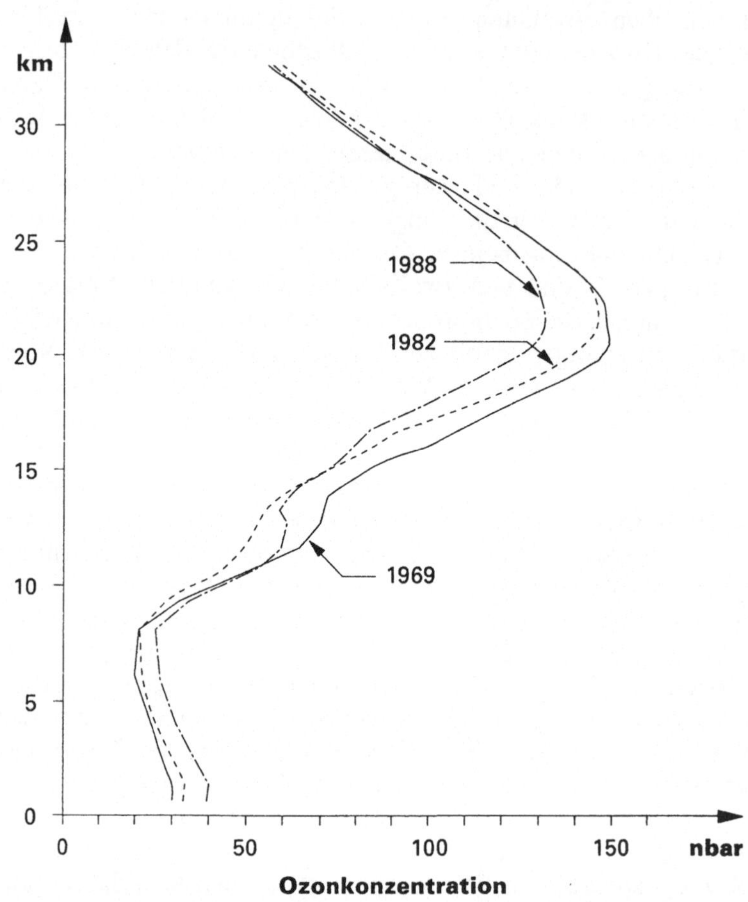

Abb. 7: Über je 100 Sondierungen gemittelte Ozonkonzentrationen oberhalb Payerne (Schweiz). Als Konzentration wurde der Partialdruck von Ozon in Nanobar angegeben, was auf Meereshöhe gleichbedeutend mit ppb ist. Diese Darstellung hat die Eigenschaft, dass die Flächen zwischen der Höhen-Ordinate und den Kurven proportional zur Ozonmenge sind (J. Staehelin, Labor für Atmosphärenphysik, LAPETH, ETH Zürich).

40

pro Jahrzehnt. Besonders ausgeprägt war die Zunahme in den Jahren 1982-88 mit jährlichen Veränderungen von 3-4% ! Analoge Resultate der nördlich von München gelegenen Messstation Hohenpeissenberg (975 m.ü.Meer) des Deutschen Wetterdienstes sowie weiterer europäischer Stationen zeigen, dass der beschriebene Trend nicht ein schweizerisches, sondern mindestens ein europäisches Phänomen darstellt. Inwieweit dieses Resultat charakteristisch ist für die gesamte nördliche Hemisphäre ist aufgrund fehlender langjähriger repräsentativer Sondierungen über den Ozeanen schwierig zu beurteilen. Die weit von den Ballungszentren entfernten Bodenstationen auf Hawaii (Mauna Loa) und in Alaska zeigen seit Mitte der 70er Jahre aber ebenfalls einen Trend von +0.8% pro Jahr, was darauf hindeutet, dass dieses Resultat wirklich repräsentativ für die Nordhalbkugel sein könnte. Auf der Südhalbkugel zeigte bislang die einzige vorhandene Sondierstation in mittleren Breiten keinen Aufwärtstrend.

Das nützliche Ozon in der Stratosphäre nimmt ab

Die in Abbildung 7 dargestellten Payerner Ozondaten zeigen neben der erwähnten Ozonzunahme in der Troposphäre auch die markante Abnahme des Ozonschildes in der Stratosphäre, die 90% des Gesamtozons enthält. Das stratosphärische Ozonproblem beschränkt sich also nicht ausschliesslich auf die Südpolregion, wo Mitte der 80er Jahre überraschend ein "Ozonloch" (d.h. Absinken des Gesamtozongehaltes auf etwa die Hälfte im Südhalbkugel-Frühjahr über einer Fläche, die etwa derjenigen der Vereinigten Staaten entspricht) entdeckt wurde, dessen Anfänge in die 70er Jahre zurückreichen. Auch in mittleren Breiten der Nordhalbkugel ist eine Abschwächung des Ozonschildes zu beobachten, die äusserst beunruhigend ist. Die Abnahme im Bereich des Ozonmaximums in einer Höhenschicht von 20-24 km beträgt erschreckende 5-6% pro Jahrzehnt. In höheren stratosphärischen Schichten ist die Abnahme jedoch glücklicherweise kleiner, und zudem erfolgt eine gewisse Kompensation aufgrund der Zunahme der Ozonkonzentrationen in der Troposphäre. Die weltweit längste 1926 in Arosa durch die ETH-Professoren F.W.P. Götz gestartete und H.U. Dütsch weitergeführte, heute jedoch durch die Schweizerische Meteorologische Anstalt übernommene Messreihe des Gesamtozongehaltes (Summe des Ozongehaltes in Troposphäre und Stratosphäre) zeigt seit 1970 einen Rückgang um ca. 5%. Es ist heute aus epidemiologischen Untersuchungen bekannt, dass eine 1%ige Abnahme dieses Gesamtozongehaltes eine 2-3%ige Zunahme der Häufigkeit von Hautkarzinomen und eine 0.6-0.8%ige Zunahme der Trübungen der Augenlinse zufolge erhöhter Ultraviolettstrahlung (UV-B-Strahlung) bewirkt. Weiter sind Schädigungen des Immunsystems sowie von Pflanzen und Mikroorganismen zu erwarten, deren Quantifizierung Gegenstand heutiger Untersuchungen ist. In bezug auf Hautkrebs muss erwähnt werden, dass die gegenwärtig festgestellte Zunahme um 5-7% pro Jahr nicht auf den Abbau der Ozonschicht zurückgeführt werden kann, sondern vielmehr mit einem veränderten Freizeitverhalten (Sonnenbaden) der Bevölkerung zusammenhängen dürfte. Die Begründung liegt darin, dass sich durch die lange Reaktionszeit bei der Tumorentstehung die Wirkungen erst nach mehreren Jahrzehnten zeigen.

Zusätzlich zu diesen Wirkungen auf die Biosphäre könnte sich der Ozonabbau in der Stratosphäre aber auch auf den Treibhauseffekt auswirken. Da der Ozongehalt die stratosphärische Temperaturverteilung bestimmt, bedeutet eine Ozonabnahme einen Temperaturrückgang um 10, 20 oder mehr Grade, was via die noch nicht gut verstandenen Kopplungsmechanismen zwischen Troposphäre und Stratosphäre Veränderungen in der Troposphäre bewirken könnte. Insbesondere zeigen neueste Modellrechnungen, dass der CFC-bedingte Anteil am Treibhauseffekt durch die Abkühlung der Stratosphäre gerade etwa kompensiert werden könnte. Weiter könnte die erwähnte Schädigung von Pflanzen und insbesondere von Meeres-Mikroorganismen klimatische Auswirkungen haben, weil diese den Kohlenstoffkreislauf und damit die atmosphärischen CO_2-Konzentrationen mitbestimmen.

Lachgas (N_2O)

Lachgas, das den Namen seiner Anästhesiewirkung verdankt, die
in den 50er Jahren durch Zahnärzte benützt wurde, steuert heute
erst etwa 4% zur Verstärkung des Treibhauseffektes bei, zeigt
aber eine jährliche Zunahme von 0.25% oder 0.8 ppb mit steigen-
der Tendenz. Seine atmosphärische Konzentration war mindestens
zweitausend Jahre lang stabil bei 285 ppb (entsprechend einer gesamten Stickstoffmasse von 1400 MtN) und begann im 18. Jahrhundert anzusteigen, um heute (1990) einen um 9% höheren Wert
von 310 ppb zu erreichen. Die vorindustrielle atmosphärische
Konzentration wurde durch ein Gleichgewicht zwischen den natürlichen Quellen und Senken bestimmt. Solche Quellen sind
hauptsächlich Mikroorganismen in Waldböden, die jährlich rund
4 MtN freisetzen, sowie solche in den Meeren, die noch einmal
etwa 2 MtN beisteuern. Ähnlich wie bei den CFC ist die wesentliche Senke durch photochemische Umwandlungsprozesse in
der Stratosphäre gegeben und beträgt nach relativ sicheren Schätzungen 10 ± 3 MtN/y. Die Bilanz zwischen natürlichen Quellen
und Senken geht also noch nicht auf; es fehlen nach heutigem
Kenntnisstand etwa 4 MtN auf Seite der Quellen. Dieses natürliche Gleichgewicht wird in zunehmendem Masse durch den Einsatz von Stickstoffdünger in der Landwirtschaft (dadurch bedingte
Lachgasemissionen bis 2.2 MtN/y), durch Verbrennung fossiler
Energieträger (bis 0.3 MtN/y) sowie von Biomasse (bis
0.2 MtN/y) gestört, und dies bewirkt den gemessenen jährlichen
Anstieg in der Atmosphäre um 0.8 ppb oder 4 MtN/y. Wiederum
stimmt die Bilanz nicht, indem die bekannten anthropogenen
Quellen maximal 2.7 MtN/y ausmachen dürften. Die Unsicherheiten weisen darauf hin, dass entweder noch zusätzliche, bis
heute unbekannte N_2O-Quellen existieren oder dass die Stärke der
bekannten Quellen unterschätzt wurde. Trotzdem muss angenommen werden, dass die Zunahme der atmosphärischen N_2O-
Konzentration seit dem 18. Jahrhundert durch menschliche Tätig-
keiten verursacht wurde. Da möglicherweise der Einsatz von
Kunstdünger in der Landwirtschaft die Hauptursache darstellt, be-

steht die Gefahr, dass mit zunehmender Intensivierung der Anbaumethoden zur Deckung der Bedürfnisse einer schnell zunehmenden Erdbevölkerung die Bedeutung des N_2O als Treibhausgas innerhalb der kommenden Jahrzehnte zunehmen könnte.

Die Reaktion der Atmosphäre auf zusätzliche Treibhausgase

Wir können uns die Wirkung zusätzlicher anthropogener Treibhausgase auf die Atmosphäre schrittweise folgendermassen vorstellen: durch die Erhöhung der Konzentration der Treibhausgase wird die Troposphäre im infraroten Spektralbereich (Wärmestrahlung) undurchsichtiger. Eine auf einem Satelliten installierte Infrarotkamera könnte also weniger tief in die Atmosphäre hineinblicken, d.h. die Wärmestrahlung stammt im Mittel aus einer höheren Schicht. Diese mittlere Strahlungsschicht wandert also nach oben und ist deshalb bei vorerst unveränderter Temperaturverteilung innerhalb der Atmosphäre kühler. Sie strahlt demzufolge nach dem Stefan-Boltzmannschen Strahlungsgesetz weniger Energie in den Weltraum ab, und es entsteht ein Ungleichgewicht zwischen der gleichbleibenden Sonneneinstrahlung und der nun schwächeren Infrarotausstrahlung. Mit Hilfe der bereits erläuterten sehr umfangreichen Strahlungstransportrechnungen wurde dieser Netto-Energiezustrom zur Troposphäre im Tropopausenniveau im Hinblick auf alle wichtigen Treibhausgase bestimmt. Weil er das Klima in einen neuen Gleichgewichtszustand mit höherer Temperatur "zwingt", wird er "Forcing" genannt. Da sich bei diesem Gedankenschritt die Strahlungsverhältnisse in der tieferen Troposphäre nicht verändern sollen (es werden vorerst ein unveränderter Wasserdampfgehalt und unveränderte Bewölkung angenommen), bleibt der mittlere Temperaturgradient von -6.5 K/km bestehen, und die bodennahe Atmosphärentemperatur erwärmt sich gleichviel wie die nach oben gewanderte mittlere Strahlungsschicht. Diese Erwärmung wird "primäre Erwärmung" genannt, weil sie keine Rückkoppelungseffekte miteinschliesst. Die tatsächlich zu beobachtende Erwärmung wird aus folgenden Gründen um den sogenannten Rückkoppelungsfaktor grösser sein als die fiktive primäre Erwärmung. Erstens bewirkt eine wärmere Troposphäre eine Intensivierung der Verdunstung und einen grösseren Wasserdampfgehalt in der Luft, was den Treibhauseffekt weiter verstärkt. Wasserdampf ist als wichtigstes Treibhausgas für ca. 2/3 des natürlichen Treibhauseffektes von 33 K verantwortlich. Eine Erhöhung des absoluten Wasserdampfgehaltes um 1% bewirkt also, grob geschätzt, eine Temperaturerhöhung von 0.2 K. Eine primäre Temperaturerhöhung um 1 K von 15 auf 16°C würde den Sättigungs-Wasserdampfgehalt gemäss der Dampfdruckkurve von 12.8 auf 13.6 g pro m^3 Luft, also um rund 6%, erhöhen und damit einen zusätzlichen Treibhauseffekt von ca. 1.2 K bewirken. Die gesamte Temperaturerhöhung wäre in diesem Falle also 2.2 K, ausgehend von einer primären Temperaturerhöhung von 1 K. Dies würde einem Rückkoppelungsfaktor von 2.2 entsprechen. Eine weitere Rückkoppelung entsteht durch abschmelzendes Meer- und Landeis, was die Albedo verringert, so dass weniger Licht in den Weltraum reflektiert wird. Dadurch wird die effektive Temperatur weiter erhöht. Ein äusserst schwieriges Problem stellen die Wolken dar, deren Struktur, Höhenverteilung und Bedeckungsgrad sich mit zunehmender Temperatur ebenfalls verändern wird. Entstehen mehr tiefliegende cumulusartige Wolken, erhöht sich die planetare Albedo so stark, dass die primäre Erwärmung gedämpft wird. Solche Wolken könnten stabilisierend auf das Globalklima einwirken; man spricht von einer möglichen Gegenkoppelung. Sollten jedoch schleierartige Cirruswolken an Bedeutung gewinnen, die die Sonnenstrahlung fast ungehindert passieren lassen, die Wärmestrahlung aber weitgehend absorbieren, so würde der Treibhauseffekt verstärkt, es läge also eine Rückkoppelung vor. Ob Wolken auf Klimaveränderungen verstärkend oder dämpfend wirken, ist wohl unsere entscheidenste Kenntnislücke im Zusammenhang mit der anthropogenen Verstärkung des Treibhauseffektes. Sie bewirkt, dass für den Rückkoppelungsfaktor ein grosses Unsicherheitsintervall von 1.2 bis 4 besteht.

Betrachten wir zur Illustration der Zusammenhänge das häufig untersuchte Beispiel einer CO_2-Verdoppelung von 280 auf 560 ppm. Aufgrund der erwähnten Strahlungstransportrechnungen lässt sich zeigen, dass das Forcing in W/m^2 genügend genau durch eine sehr einfache Formel approximiert werden kann. Man braucht dazu nur den natürlichen Logarithmus des CO_2-Konzentrationsverhältnisses, das für unser Beispiel $560/280 = 2$ beträgt, mit 6.3 zu multiplizieren, was $4.4 W/m^2$ ergibt. Gemäss der Strahlungsformel erhält man die zugehörige primäre Temperaturerhöhung von 1.2 K. Multipliziert man nun diese mit dem Rückkoppelungsfaktor von 1.2 bis 4, erhält man den heute allgemein akzeptierten Bereich des sogenannten Klimasensitivitätsparameters von 1.5 bis 4.5 K. Als "beste Schätzung" wurde innerhalb einer weltweiten Klima-Expertenkommission, dem "Intergovernmental Panel on Climate Change (IPCC)" [3], 1990 ein Wert von 2.5 K angenommen. Es handelt sich dabei jedoch vielmehr um einen demokratischen Abstimmungs- und Kompromissvorschlag, als um ein auf wissenschaftlichen Grundlagen basierendes Ergebnis. Der Klimasensitivitätsparameter (respektive der Rückkoppelungsfaktor) dürfte deshalb durch zukünftige Erkenntnisse noch einigen Modifikationen unterworfen sein.

Treibhauspotentiale verschiedener Gase

Um im Hinblick auf Emissionsreduktionsmassnahmen die relative Klimawirksamkeit der verschiedenen Treibhausgase abschätzen zu können, ohne mit den Unsicherheiten beim Rückkoppelungsfaktor in Konflikt zu geraten, wurde das von den übrigen Treibhausgasen ausgehende Forcing mit demjenigen von CO_2 verglichen. Dies war eine einfache Aufgabe, nachdem für die übrigen Treibhausgase analoge Näherungsformeln für das Forcing wie für CO_2 entwickelt wurden. Je nachdem, ob man für den Vergleich gleiche Massen oder gleich viele Moleküle heranzieht, erhält man unterschiedliche Zahlen. Aus der entsprechenden Tabelle 2 wird deutlich, dass 1 g CH_4 58mal stärkere momentane Temperaturveränderungskräfte (Forcing) hervorruft als 1 g CO_2. Für CFC-12 beträgt dieses Verhältnis gar 5750, woraus klar wird, weshalb eine rund 65'000mal kleinere Emission als diejenige von CO_2 trotzdem relevante Treibhauseffekt-Anteile bewirken kann.

Gas	Forcing pro Masse	Forcing pro Molekül	Relaxationszeit ("Lebensdauer") in Jahren
CO_2	1	1	120
CH_4	58	21	10
N_2O	206	206	150
CFC-11	3970	12400	60
CFC-12	5750	15800	130

Tab. 2: Momentanes Forcing relativ zu CO_2 für 1990er Konzentrationsverhältnisse sowie Abklingzeit für die wichtigsten Treibhausgase (nach IPCC 1990).

Gas	Global Warming Potential über		
	20	100	500 Jahre
CO_2	1	1	1
CH_4 + indir.	63	21	9
(indir.allein)	(37)	(15)	(7)
N_2O	270	290	190
CFC-11	4500	3500	1500
CFC-12	7100	7300	4500

Tab. 3: Global Warming Potential für die wichtigsten Treibhausgase relativ zu CO_2 auf die Masse bezogen; im Falle von CH_4 sind die indirekten Effekte mitberücksichtigt, die mehr als die Hälfte ausmachen (nach IPCC 1990).

Da ein einzelnes Molekül einen Beitrag zum Treibhauseffekt leistet, solange es sich in der Atmosphäre befindet, ist sein integraler

Effekt über eine vorgegebene Zeitspanne davon abhängig, wie lange es in der Atmosphäre "überlebt" oder, genauer gesagt, wie lange es dauert, bis eine vorgegebene Konzentrationserhöhung auf den Gleichgewichtswert zurückfällt (relaxiert). Aus Tabelle 2 geht hervor, dass diese Relaxationszeiten für CO_2, N_2O und CFC-12 über hundert Jahre betragen, währenddem CH_4 mit einer Zeitkonstanten von nur 10 Jahren relaxiert. Wichtiger als das momentane Forcing sind also für lange Zeitintervalle (z.B. 500 Jahre) die Produkte von Forcing-Faktoren und Relaxationszeit. Genauere Berechnungen auf der Basis von Stoffflussmodellen ergaben die in Tabelle 3 zusammengestellten sogenannten "Global Warming Potentials (GWP)" für drei verschiedene Integrationszeitspannen von 20, 100 und 500 Jahren. Über den kurzen Zeitraum von 20 Jahren betrachtet, ist demnach 1 g CH_4 etwa 63mal wirksamer als 1 g CO_2. Weil es aber relativ schnell abgebaut wird, verliert dieselbe Emissionsmenge für den grösseren Zeitraum von 100 Jahren einen Faktor 3 an Wichtigkeit und über 500 Jahre betrachtet, ist 1 g CH_4 nur noch 9mal wirksamer als 1 g CO_2, wobei mit einem GWP von 7 fast nur noch die indirekten Effekte (O_3, CO_2, stratosphärisches H_2O) zählen.

Was trägt die Schweiz zum Treibhaus bei?

In absoluten Zahlen sicher wenig, doch dies wäre die schlechteste Entschuldigung für eine Unterlassung von Emissionsreduktionsmassnahmen. Die Schweizer Bevölkerung machte 1990 rund 1.3 Promille aller Erdenbewohner aus, die jedoch ca. 1.7 Promille der Kohlendioxidemissionen innerhalb des eigenen Landes produzieren (48'500 kt CO_2/y). Dazu kommen noch Importe von Stahl, Aluminium und anderer Erzeugnisse, zu deren Herstellung grosse Energiemengen benötigt wurden, die ausserhalb der Schweiz weitere (sog. indirekte) Kohlendioxidemissionen verursacht haben (ca. 18'000 kt CO_2/y), so dass die Schweizer Bevölkerung für insgesamt 2.4 Promille der weltweiten CO_2-Emissionen verantwortlich ist. Pro Kopf liegen also die durch die Schweizer verursachten Emissionen fast um den Faktor 2 über dem Welt-Durchschnitt. Nehmen wir die restlichen Treibhausgase dazu, dürfte sich dieser Faktor noch vergrössern, denn allein schon die CFC-11- und CFC-12-Anwendungen machten 3.1 Promille der Weltproduktion im Jahre 1990 aus, lagen also um den Faktor 2.4 über dem Welt-Durchschnitt.

Eine detaillierte Analyse der direkten schweizerischen Emissionen ergibt das in Tabelle 4 zusammengestellte Bild. Als Integrationszeitraum für die Anwendung der Global Warming Potential Methode wurde ein Jahrhundert ab 1990 gewählt, weil zu erwar-

Verursacher	Gas	Emissionen in kt/y	GWP (100y)	CO_2-Äquivalent in Mt/y	Anteil in %
Bruttoenergieverbrauch					**61.9**
- Verkehr	CO_2	16000	1	16.0	19.8
- restlicher Energieverbrauch	CO_2	29000	1	29.0	35.9
- Zementproduktion	CO_2	2500	1	2.5	3.1
- Kehrichtverbrennung	CO_2	1000	1	1.0	1.2
- Gas-Leckage	CH_4	27	21	0.6	0.7
- Abfallentsorgung	CH_4	48	21	1.0	1.2
Landwirtschaft					**12.0**
- Wiederkäuer	CH_4	35	21	0.7	0.9
- Stickstoffdüngung	N_2O	31	290	9.0	11.1
FCKW-Anwendungen					**18.5**
- Spraydosen, Schaum	R11	2.1	3500	7.4	9.2
- Aggregate	R12	0.4	7300	2.9	3.6
- Diverses	R22	1.5	1500	2.3	2.8
- Halone (Brandverhütung)	div.	0.08	5800	0.5	0.6
- Trichlorethan	CH_3CCl_3	3.0	100	0.3	0.4
- HFCKW	div.	1	≈ 1500	1.5	1.9
- Tetrachlorkohlenstoff	CCl_4	0.02	1300	0.03	0.0
indirekte Effekte					**7.6**
(O_3 in Troposphäre + CO_2)	CO	430	3	1.3	1.6
	NO_x	184	8	1.5	1.9
	NMHC	297	11	3.3	4.1

Tab. 4: Die Aufteilung der Klimawirksamkeit der verschiedenen in der Schweiz emittierten Treibhausgase nach der "Global Warming Potential"-Methode für einen Integrationszeitraum von 100 Jahren ab 1990 (Emissionen nach Gesamtenergiestatistik Schweiz sowie weiterer Quellen).

ten ist, dass innerhalb etwa dieses Zeitraumes die stärksten klimatischen Veränderungen eintreten werden, und unsere Umweltverantwortung primär diesem Zeitraum gelten sollte. Es ergibt sich sehr deutlich das Übergewicht der Sektoren Verkehr und Energie (61.9%) sowie die Relevanz der CFC-Anwendungen (18.5%). Weiter ist ersichtlich, dass die Landwirtschaft und die indirekten Effekte (in erster Linie ausgehend von Nichtmethankohlenwasserstoffen) zusammengenommen einen Fünftel des Treibhauspotentials ausmachen. Zu erwähnen ist ferner, dass die indirekten Effekte zu etwa 60% auf den Autoverkehr zurückzuführen sind, so dass insgesamt rund 25% des Treibhauspotentials den Verkehrsemissionen anzulasten sind. Dieses Beispiel soll zeigen, wie die Global Warming Potential Methode zur Evaluation von Massnahmen eingesetzt werden kann.

Und die Emissionen von Deutschland?

Das vereinigte Deutschland stellt 1.5% der Erdbevölkerung, produziert aber rund 3.6% der globalen CO_2-Emissionen, pro Kopf gerechnet also etwa 2.4mal mehr als der Welt-Durchschnitt. Im Vergleich zur Schweiz sind die CO_2-Emissionen pro Kopf der Bevölkerung rund 35% höher, was vor allem mit dem Einsatz fossiler Energie für die Stromproduktion zusammenhängt, die gegen 40% der Emissionen verursacht. In der Schweiz wird der Strom dagegen praktisch vollständig mit Wasserkraft und Kernenergie hergestellt.

II   Ein Blick zurück in eine ferne Vergangenheit

Eine Reise durch die Zeit

Könnten sich Eintagsfliegen eine Vorstellung über ihr Leben bilden, würde diese dominiert durch die gerade herrschende Wetterlage sowie ihren Tagesablauf. Kenntnisse über eine kalt-nasse Regensituation könnte die Schönwetter-Eintagsfliege nur indirekt über "historische Aufzeichnungen" ihrer Artgenossen der vorigen Woche oder über "Klimaarchive" erhalten. So könnte sie beispielsweise feststellen, dass aus dem Boden Wasser verdampft und notwendigerweise durch Regen wieder nachgeliefert werden muss, denn anders wäre die Bodenfeuchte ja nicht erklärbar. Daraus würde der Eintagsfliegenprofessor, der einen Zeitraum bis zum letzten Winter "überblicken" würde, auf die Möglichkeit von Regen schliessen. Für die meisten seiner Zeitgenossen wäre dieser Zeitraum aber absolut nicht begreifbar und deshalb auch uninteressant und belanglos. Wir Menschen leben rund 10'000mal länger als die Eintagsfliegen und deshalb ist für uns ein Jahreszyklus überschau- und begreifbar. Mit der letzten Eiszeit, entsprechend dem letzten Winter für die Eintagsfliege, dürfte aber die Erkenntnisfähigkeit der meisten unserer Zeitgenossen arg strapaziert werden. Da solche Zeiträume für das Klimasystem der Erde adäquat und daher im Zusammenhang mit der anthropogenen Verstärkung des Treibhauseffektes wichtig sind, möchte ich eine Reise durch die Zeit bis zu den Anfängen der Erde schildern. Auf lineare Weise ist dies jedoch unmöglich. Würde ich nämlich versuchen, zu jedem Jahrhundert nur ein einziges Wort zu schreiben (abgesehen davon, dass ich in einer solchen Genauigkeit nur über die vergangenen 60 Jahrhunderte Auskunft geben könnte), würde diese Information 1000 Bücher vom Format dessen, das Sie in den Händen haben, füllen. Ich wähle deshalb einen logarithmischen Zeitmassstab, das heisst, ich betrachte laufend 10mal grössere Zeitintervalle, also 1, 10, 100, 1'000, 10'000 etc. Jahre.

$10^0 = 1$ *Jahr*: Betrachten Sie also Ihr vergangenes Jahr, mit dem bunten Spektrum von Hochs und Tiefs, Freuden und Enttäuschungen, hierzu habe ich nichts zu ergänzen.

$10^1 = 10$ *Jahre*: Denken Sie beim vergangenen Jahrzehnt bitte nicht nur an sich selbst, sondern erweitern Sie den Blickwinkel: Wir erlebten den Fall der Berliner Mauer, den Zerfall der kommunistischen Weltmacht, den Krieg "Desert Storm" um Kuwait; Waldsterben, Klimaveränderungen und AIDS wurden zu wichtigen Diskussionsthemen und füllten die Zeitungen. Unter dem Stichwort "sustainable development" (nachhaltige Entwicklung) wird zum erstenmal in führenden Industrienationen eine alte Weisheit der Indianer wieder neu formuliert: Wir sollten so leben und wirtschaften, dass die kommenden Generationen dieselben Möglichkeiten wie wir selbst haben — Recycling wird Trumpf!

$10^2 = 100$ *Jahre*: Beim letzten Jahrhundert werden Sie sich bereits an den Geschichtsunterricht erinnern müssen. Weltkriege werden Ihnen einfallen, aber auch eine nie dagewesene, explosionsartige technische Revolution auf der Basis faszinierender wissenschaftlicher Erkenntnisse. Vor hundert Jahren brannten die ersten Glühbirnen, dann kamen Radio, Fernsehen, Computer, die Entdeckung der Struktur der Erbsubstanz und der Gene (DNS, Genetischer Code). Die Möglichkeiten und Gefahren sind überwältigend. Ein verrücktes Jahrhundert, ein Menschenleben, aber nur ein Tag in der Geschichte des Klimasystems!

$10^3 = 1'000$ *Jahre*: Ein Jahrtausend, tiefes Mittelalter, Aberglauben, Pest, Hexenverbrennungen, Burgen, Festungen, Schlösser, Kriege. Etwa 350 Millionen Menschen bewohnen die Erde, 14mal weniger als heute. Christoph Columbus entdeckt Amerika, Fernand Magellan umsegelt die Welt und beweist damit, dass die Erde eine Kugel ist, Galileo Galilei versetzt die Sonne ins Zentrum der Welt, schildert die Erde als kleinen, sie umkreisenden

Satelliten und entrinnt knapp dem Scheiterhaufen der allmächtigen Inquisition. Langsam beginnt das Erwachen des Geistes einen wissenschaftlichen Gegenpol zur dunklen Macht des Klerus zu bilden. Das klimatisch wichtigste Ereignis ist die sogenannte "Kleine Eiszeit", die ihren Höhepunkt um 1600 hatte, wo als Folge einer Klimaverschlechterung Missernten und Hungersnöte in Europa grosse Probleme verursachten. Global betrachtet hingen diese Ereignisse mit einem mittleren Temperaturrückgang zusammen,

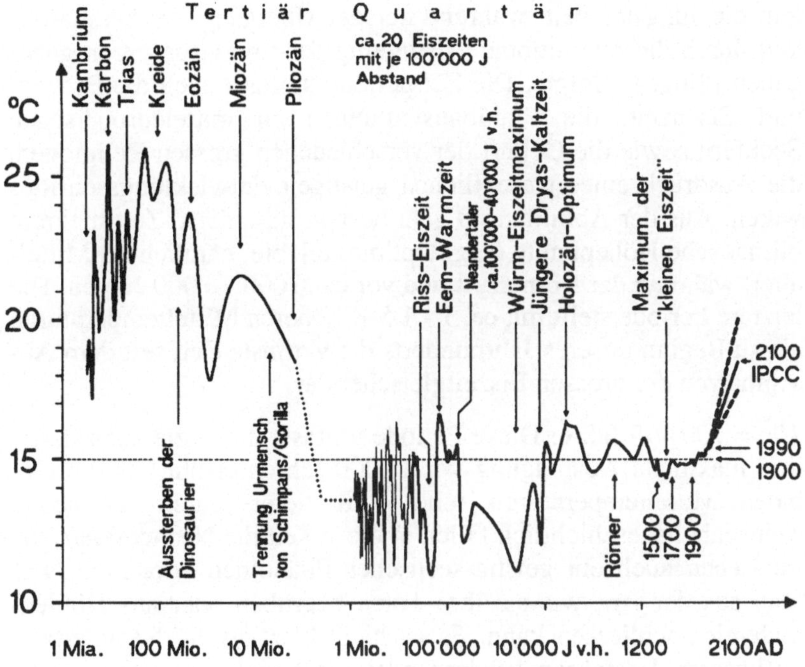

Abb. 8:   Verlauf der globalen Mitteltemperatur über die letzten 600 Mio. Jahre (Phanerozoikum) sowie die mögliche Zunahme bis zum Ende des nächsten Jahrhunderts (Daten nach M.I. Budyko, 1988 und IPCC, 1992, teilweise verändert und ergänzt durch weitere Quellen).

der wahrscheinlich nicht mehr als etwa ein halbes Grad betrug (vgl. Abb. 8).

10^4 = 10'000 Jahre: Vor 10'000 Jahren endete die letzte Eiszeit, und das Klima bot rund 4 Millionen Menschen (weniger als die Schweizer Bevölkerung), die damals die Erde bewohnten, neue Lebensräume. Dieser Zeitraum von 10 Jahrtausenden umfasst alle Hochkulturen der Menschheit (Mesopotamien, Ägypten, China, Griechenland, Rom etc.) sowie auch ihre frühen Vorläufer, nämlich die Mittelsteinzeit (Jäger, Sammler und Fischer) und vor allem die Jungsteinzeit, während der der Übergang zur Sesshaftigkeit durch die revolutionäre Erfindung des von Grosstieren gezogenen Pfluges erfolgte. Die Zeitperiode umfasst auch die Bronze- und Eisenzeit, die Pfahlbausiedlungen an mitteleuropäischen Seeufern sowie die Geburt der verschiedenen grossen Religionen, die Ausdruck eines wesentlichen geistigen Entwicklungsschrittes waren. Aus der Abbildung 8 geht hervor, dass diese Zeit mehrere klimatische Höhepunkte (sog. Optima) erlebte, nämlich im Mittelalter, während der Römerzeit und vor ca. 6'000 - 5'000 Jahren. Die letztere Periode stellt mit ca. 1 - 1.5 K höheren Mitteltemperaturen als zu Beginn unseres Jahrhunderts die wärmste Zeit seit dem Abschmelzen der grossen Eiszeitgletscher dar.

10^5 = 100'000 Jahre: Diese Periode umfasst die letzte Eiszeit, die ihre maximale Ausprägung vor 18'000 Jahren erfuhr, als die globalen Mitteltemperaturen rund 4 K tiefer waren als heute. Menschheitsgeschichtlich fallen in diese Zeit die Neandertaler, die im Leben auch ein geistig-seelisches Phänomen erkannten, was man aus der Art, wie sie ihre Toten begruben oder aus Höhlenmalereien schliessen kann. Es ist nicht klar, ob die Neandertaler zu unseren Vorfahren gehören oder nicht vielmehr einen inzwischen ausgestorbenen Seitenast der Evolution darstellen. Obwohl ihr Hirnvolumen mit 1.4 Litern grösser war als unseres (1.2 Liter) und die Mitglieder dieser Menschengruppe schwerer und muskulöser waren als wir, würden wir sie von ihrem Aussehen her ohne Zögern als Menschen bezeichnen.

10^6 = 1 Million Jahre: Über die vergangenen 2 Millionen Jahre folgte in Abständen von je etwa 100'000 Jahren eine Eiszeit der andern. Die vier Eiszeiten "Günz", "Mindel", "Riss" und "Würm", die der geologischen Epoche den Namen "Quartär" gaben, waren also nur die letzten vier Eiszeiten in einer Reihe von rund 20. Etwa zu Beginn dieser Eiszeiten-Epoche erfand der "Homo Habilis" (der "Mensch mit den geschickten Händen") Steinwerkzeuge und läutete damit die Alte Steinzeit ein. Das Hirnvolumen vergrösserte sich kontinuierlich von 0.5 Litern gegen 1 Liter, der Gang wurde immer aufrechter, und vor rund 1.5 Millionen Jahren tauchte in Afrika der Jäger "Homo Erectus" auf. Seine wichtigste Erfindung war zweifellos das Feuer, das neben dem Weichkochen von Fleisch auch ein Überleben in kälteren Zonen ermöglichte. Wir wissen nicht, was den "Homo Erectus" veranlasste, Afrika zu verlassen und nach Norden zu ziehen und auch nicht, wie und wo sich der Übergang zum "Homo Sapiens" vor ca. 300'000 Jahren vollzog. Fundstellen von Schädeln, die Merkmale des "Homo Erectus" als auch des "Homo Sapiens" aufweisen, liegen in Zentralafrika, in Nordwestafrika, Zentraleuropa, China und Java.

10^7 = 10 Millionen Jahre: Das Pliozän (9-2 Millionen Jahre vor heute) ist die jüngste Zeit, die deutlich wärmer war (ca. 3-4 K) als dies heute der Fall ist. Ursachen dürften zu etwa gleichen Teilen ein höherer CO_2-Gehalt in der Atmosphäre und eine tiefere Albedo sein. Man findet in Tansania Fussspuren des ersten mehr oder weniger aufrecht gehenden, kleinwüchsigen Menschenaffen, des sogenannten Australopitecus, die 3.6 Millionen Jahre alt sind."Lucy", der Star aller Australopitecinen, die ihren späten Namen dem Beatle-Song "Lucy in the sky with diamonds" verdankt, der im Camp gerade vom Bandgerät ertönte, als Don Johanson ihr Skelett ausgrub, wurde 1976 in Äthiopien gefunden. Sie lebte vor 3 Millionen Jahren, war etwa 1.05 m gross, 20-25 kg schwer und besass ein relativ kleines Hirn mit einem Volumen von 0.4 Litern. Sie glich mit ihren langen Armen, dem flachen Schädel und den starken Kinnbacken mit robusten Zähnen wohl eher einem rasierten Schimpansen als einem heutigen Menschen.

Der Verlust der Behaarung hing vermutlich damit zusammen, dass vor 4 Millionen Jahren in Afrika aus klimatischen Gründen (Abkühlung) der Regenwald zurückwich und riesige Graslandsavannen als neue Lebensräume frei wurden. Schweissdrüsen zur Regulation der Körpertemperatur sind in dieser Umgebung einem Fell überlegen. Der gemeinsame Vorfahre des Australopitecus, des Schimpansen und des Gorilla lebte vermutlich vor etwa 6-7 Millionen Jahren in Afrika. Nach DNS-Strukturanalysen (vgl. Glossar) stimmt unser Erbprogramm heute noch zu 97.6% mit demjenigen des Schimpansen überein, so dass wir mit jenem also näher verwandt sind als etwa Pferde mit Eseln [5].

$10^8 = 100$ *Millionen Jahre*: Der CO_2-Gehalt der Atmosphäre war 3-5mal so hoch wie um 1750, was einen massiven Treibhauseffekt und dementsprechend hohe Temperaturen bis zu 25°C (10 K wärmer als heute) zur Folge hatte. Etwa ein Drittel dieser Temperaturerhöhung gegenüber heute geht allerdings auf eine völlig andere Art der Land-Wasser-Verteilung zurück. Vor 200 Millionen Jahren bildeten nämlich alle Kontinente eine zusammenhängende riesige Landmasse, Pangäa genannt. Dieser Umstand erklärt, weshalb z.B. Afrika und Südamerika wie ein Puzzle zusammenpassen und auch, weshalb man dieselben Dinosaurier in Amerika, Europa und Afrika findet. Vielleicht bescherte ein grosser Meteorit von etwa 10 km Durchmesser, der mit einer Geschwindigkeit von ca. 20 km/s mit der Erde zusammenstiess und soviel Staub aufwirbelte und Brände entfachte, dass sich die Atmosphäre für Jahre verdunkelte, den Dinosauriern vor 67 Millionen Jahren ein Ende. Vielleicht war es aber auch eher eine besonders rege Vulkantätigkeit, die das Klima drastisch verschlechterte, und die spezialisierten Dinosaurier konnten sich nicht genügend schnell den neuen Umweltbedingungen anpassen. In derselben Epoche starben zudem etwa 20% der Meeres-Tierfamilien aus, weshalb man von einem Extinktionsereignis (Auslöschereignis) spricht. Ein vermutlich schlimmeres Extinktionsereignis ist heute im Gange, ausgelöst durch den "Homo Sapiens Sapiens", der durch leichtsinnigen und verschwenderischen Umgang mit den natürlichen Res-

sourcen (durch Brandrodung und Abholzung der Regenwälder)
die genetische Vielfalt drastisch dezimiert. Dass sich innerhalb des
betrachteten Zeitrahmens wichtige globale Veränderungen ab-
gespielt haben, erkennt man auch am Sauerstoffgehalt der Atmosphäre, der vor 50 Millionen Jahren einen Tiefstand von rund 2/3
verglichen mit der heutigen Masse erreichte, vor 100 Millionen
Jahren aber einen Höchststand von etwa anderthalbfacher Masse
durchlief.

10^9 = 1 Milliarde Jahre = 1 Äon: Eine unvorstellbare Zeit, innerhalb der sich die gesamte Evolution aller Landlebewesen
(Pflanzen und Tiere) vollzog. Die letzten rund 600 Millionen
Jahre werden deshalb auch Pflanzenzeit oder Phanerozoikum genannt. Diese Zeitspanne war notwendig, um die heutigen fossilen
Energievorräte anzulegen, die wir nun etwa zweimillionenmal
schneller, in wenigen Jahrhunderten, aufbrauchen. Oder in anderen Worten, wir verbrauchen heute die in 1'000 Jahren erzeugten
Kohle- und Öllager innerhalb von etwa 4 Stunden!

10^{10} = 10 Äonen: Die Erde, die Perle im Weltall, kondensierte
etwa 4.7 Äonen vor heute, und das Weltall (seit dem Urknall) ist
10-20 Äonen alt. Ursprünglich eine glühende Masse flüssigen Ge-
steins, kühlte sich die Erde langsam ab und verkrustete an der
Oberfläche vor rund 4 Äonen. Die schweren, flüssigen Metalle
sanken in grosse Tiefen ab, wo sie noch heute den etwa 6000 K
glühendheissen Erdkern bilden (diese Temperatur entspricht etwa
derjenigen der Sonnenoberfläche). Die Atmosphäre bestand vermutlich im wesentlichen aus Wasserdampf, Kohlendioxid und
Stickstoff. Durch Photolyse aus Wasserdampf entstehender Sauerstoff wurde restlos zur Oxidation von Eisen verbraucht. Ein mas-
siver Treibhauseffekt dürfte trotz einer gegenüber heute um 30%
kleineren Strahlungsleistung der Sonne die entstehenden Ozeane
auf hohe Temperaturen (um 70°C) aufgeheizt haben. Erstaunlich
schnell traten die ersten Lebewesen auf, sogenannte "Ramsay-
Sphären", die als kugelige Mikrofossilien in Südafrika gefunden
und auf ein Alter von ca. 3.4 Äonen datiert wurden. Ab 3.2 Äonen

findet man Karbonate (vermutlich Kalkabscheidungen von Lebewesen), deren Isotopenzusammensetzung auf die Existenz von Chlorophyll und Photosynthese hindeutet. Es scheint also, dass die Assimilation von atmosphärischem Kohlendioxid einen der ältesten Lebensprozesse überhaupt darstellt. Der dabei entstehende Sauerstoff war aber vorerst ein Abfallprodukt, ein Gift, vor dem sich die Organismen durch die Bildung einer Membran um den Zellkern schützen mussten; neben prokarioten, anaeroben Bakterien entwickelten sich eukariote, aerobe Vielzeller. Die ältesten Meerespflanzen sind die ca. 3 Äonen alten kalkabscheidenden Blaualgen, die mit Sicherheit von der Photosynthese lebten. Die folgenden zwei Äonen wurden vermutlich gebraucht, um sichere Kopier- und Korrekturverfahren für die DNS-Moleküle (Erbsubstanz) aufzubauen. Erst dadurch wurden längere "Bio-Programme" und kompliziertere Lebensformen möglich. Sobald der biogene Sauerstoffgehalt der Atmosphäre so hoch war, dass sich ein genügend starker Ozongürtel als Filter für die tödliche ultraviolette Strahlung bilden konnte, wurde die Besiedlung der Landmassen durch erste Pflanzen möglich. Später lernte die Natur, vom Abfall zu leben und erfand damit das Recycling: Tiere konnten den Sauerstoff mit dem neuen Prozess der Atmung als effiziente Energiequelle erfolgreich verwenden.

Die Spuren längst vergangener Zeiten

Einigermassen genaue Temperaturmessungen reichen nur bis ca. 1830 zurück; die Schweizerische Meteorologische Anstalt beispielsweise wurde vor gut hundert Jahren gegründet. Ältere Aufzeichnungen sind qualitativ und zudem meist lückenhaft. Ein besonders schönes Beispiel einer langen und fast lückenlosen Beobachtung bildet das Basler "Schwarze Buch" mit einer Aufzeichnung aller "Tage mit Donner" seit 1755. Weiter zurück reichen Aufzeichnungen des Luzerners Renward Cysat, der die längerfristige Abkühlung (kleine Eiszeit) des späten 16. Jahrhunderts intuitiv richtig diagnostiziert hat. Will man jedoch lückenlose und homogene Zeitreihen über längere Zeiträume erhalten, muss man zu natürlichen Archiven (sog. Proxy-Daten) zurückgreifen, die gewisse Klimaparameter auf indirekte Art gespeichert haben. Da das "Lesen" dieser Klimaarchive sehr schwierig sein kann, hat sich ein neuer Wissenschaftszweig der Paläoklimatologie entwickelt, der im Verlaufe des vergangenen Jahrzehnts mit unerwarteten und faszinierenden Ergebnissen aufwarten konnte. Um einen Eindruck über die zur Verfügung stehenden Möglichkeiten zu vermitteln, möchte ich kurz auf drei wichtige natürliche Archive eingehen, nämlich auf Bäume, Eis und Sedimente.

Dendrochronologie über 12'000 Jahre

Der aus den griechischen Worten Dendron (Baum), Chronos (Zeit) und Logos (Wort, Vernunft) zusammengesetze Zungenbrecher bedeutet eine Analyse der Abstände sowie der Materialdichte von Jahrringen im Holz alter Bäume. Als Ausgangsmaterial können verarbeitetes Holz (z.B. altes Möbelstück, gesunkene Galeere) oder aber Überreste von Bäumen dienen, die beispielsweise in einem Moor unter Luftabschluss gut konserviert wurden. Die Informationen, die im Archiv Holz abgelesen werden können, betreffen hauptsächlich Sommertemperaturen sowie Niederschlagsverhältnisse, also zwei äußerst wichtige Klimaparameter, die das Baumwachstum beeinflussen. Die grösste Stärke der Dendrochronologie besteht in der Möglichkeit, absolute und auf das Jahr genaue Rekonstruktionen des Witterungsverlaufes vornehmen zu können. Die von der begrenzten Lebensdauer der Bäume ausgehenden Probleme löst man so, dass verschiedene relative Chronologien solange gegeneinander verschoben werden, bis die sich überlappenden Sequenzen optimal übereinstimmen. Auf diese Weise erhält man Chronologien, die tausend und mehr Jahre lückenlos abdecken. Die längste Chronologie stammt von subalpinen Lärchen- und Fichtenstämmen und reicht mit wenigen Lücken bis 8'000 Jahre vor heute zurück. Die weltweit älteste Chronologie zwischen 12'350 und 12'070 stammt aus 18 Föhren-Wurzelstöcken, die in einer Lehmgrube in Dättnau südwestlich von Winterthur in einem so gut konservierten Zustand gefunden wurden, dass sie noch nach Harz rochen. Eine etwas spätere, in der Lehmgrube höher gelegene Chronologie zeigt völlig klar die klimatische Verschlechterung nach dem Ausbruch des deutschen Vulkans Laachersee (Eifel) in allen der 8 gefundenen Föhrenstrunke um 11'075 vor heute [6]. Die längste ununterbrochene Reihe, basierend auf der langlebigen amerikanischen Bristlecone Pine und dem Mammutbaum, ist rund 7'000 Jahre lang und konnte sogar zur Eichung der Radiocarbon-Methode benutzt werden, die bis dahin das Alter einer 7'000jährigen Probe um etwa 1'000 Jahre unterschätzte. Um die Jahrringeigenschaften (Abstände, Holzdichte) in Klimaparameter zu übersetzen, werden die vergangenen etwa hundert Jahre herangezogen, wo gleichzeitig Holzanalysen und genaue Klimamessungen zur Verfügung stehen, so dass daraus Eichkurven abgeleitet werden können [7].

Eisbohrkerne über 160'000 Jahre

Das Eis von Alpengletschern, besonders aber dasjenige über Grönland und in der Antarktis, ist ein hochinteressantes und sehr informatives Klimaarchiv, weil gleichzeitig verschiedene Klimaparameter untersucht werden können. So werden beim Eisbildungsprozess kleine Luftbläschen eingeschlossen, aus denen die während dieses Vorganges herrschende Zusammensetzung der Atmosphäre gewonnen werden kann. Mit Hilfe hochempfindlicher Messgeräte kann so der Kohlendioxid- und Methangehalt der Atmosphäre während der letzten Zwischeneiszeit vor 130'000 Jahren direkt gemessen werden. Das Alter einer Eisbohrprobe ergibt sich aus seiner Tiefenlage, aber auch aus seinen horizontalen Lagekoordinaten, weil das Eis nicht an jeder Stelle gleich schnell fliesst. Am Stromlinienknoten eines Eisschildes findet man unmittelbar über dem Kontinentalsockel das älteste Eis. Aus der Eismasse selbst kann man folgendermassen indirekte Rückschlüsse auf die Temperatur ziehen. Natürlicher Sauerstoff ist eine Mischung von

60

rund 99.8% Sauerstoff mit 8 Protonen und 8 Neutronen (^{16}O) sowie 0.2% Sauerstoff mit 8 Protonen und 10 Neutronen (^{18}O). Da das ^{18}O-enthaltende Wasser (H$_2$^{18}O) etwas schwerer ist als das aus ^{16}O gebildete, verdampft es etwas weniger leicht, so dass im Wasserdampf H$_2$^{18}O gegenüber den Ozeanen um einige Promille untervertreten ist. Umgekehrt kondensiert H$_2$^{18}O etwas schneller und regnet daher in niedrigeren Breiten aus. Das Eis an den Polen ist aus diesen Gründen etwas abgereichert an ^{18}O, es entsteht eine Differenz δ^{18}O (sprich "delta-O-18"), die mit abnehmender Temperatur immer grösser wird (etwa 0.06% pro Grad). Durch genaue Messungen des Sauerstoff-Isotopenverhältnisses in verschiedenen Querschnitten eines Eisbohrkernes kann man deshalb auf Temperaturveränderungen schliessen. Es ist allerdings nicht restlos klar, ob dadurch wirklich die globalen Mitteltemperaturen widerspiegelt werden oder ob diese Informationen eher charakteristisch für die polare Region sind. Aus Quervergleichen mit anderen Daten kann aber geschlossen werden, dass die globale Komponente überwiegen dürfte. Dieselben Überlegungen gelten auch in bezug auf Deuterium (D oder ^{2}H), das Isotop des Wasserstoffs, das ebenfalls für "Temperaturmessungen " herangezogen werden kann. In Abbildung 9 ist die Parallelität zwischen atmosphärischem CO$_2$-Gehalt und globaler Mitteltemperatur dargestellt, die in überzeugender Weise einen Zusammenhang zwischen diesen beiden Grössen nahelegt. Die Daten stammen vom berühmten 2'100 m langen Vostok-Eisbohrkern aus der Antarktis, der die heutige Rekordzeitspanne von 160'000 Jahren umfasst. Die zeitliche Auflösung ist jedoch nicht so hoch, dass die Frage beantwortet werden könnte, ob bei der relativ abrupten Aufheizphase am Ende der Eiszeiten primär die atmosphärische Kohlendioxidkonzentration zunahm und die Temperaturzunahme eine Folge hievon war, oder ob der Sachverhalt gerade umgekehrt war. Vielleicht entspricht aber eine dritte Möglichkeit eher dem realen Sachverhalt, nämlich, dass es sich um einen stark rückgekoppelten Vorgang handelte, bei dem Temperatur und Kohlendioxid (auch Methan zeigt einen analogen Verlauf) gleichzeitig zunahmen. Neben

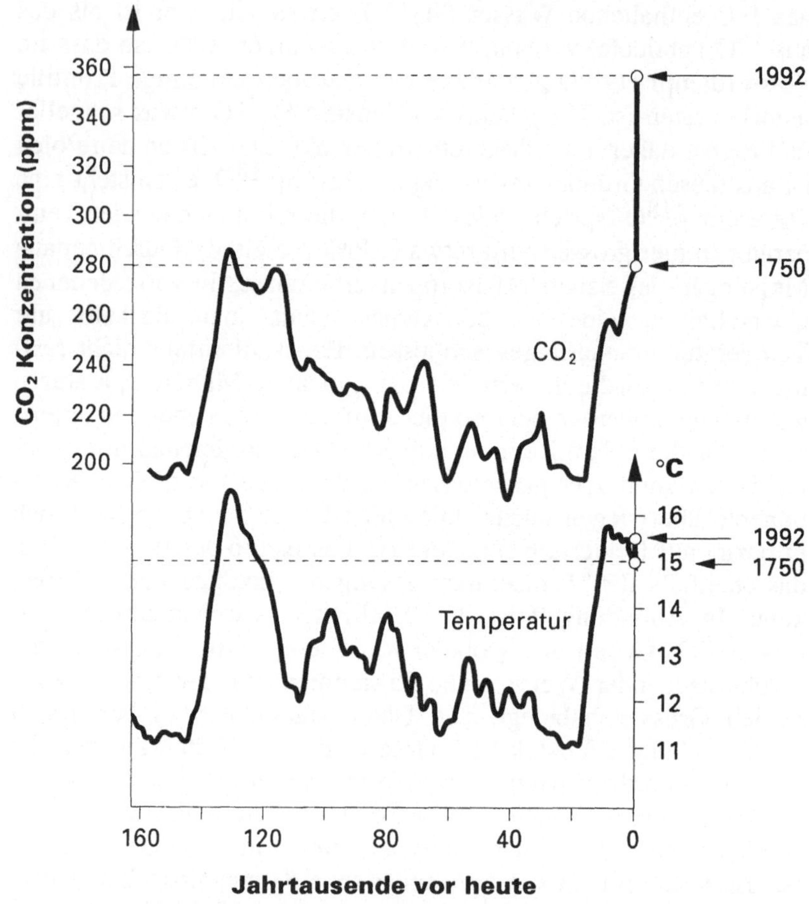

Abb. 9: CO_2-Konzentration der Atmosphäre (oben) und globale Temperaturvariation (unten) bezüglich des heutigen Wertes. Zur Rekonstruktion wurden die Daten des Eisbohrkerns der Vostok-Station in der Antarktis verwendet. Die Temperaturen wurden nach der Deuterium-Methode bestimmt.

Temperaturen und Treibhausgasen lassen sich aber auch noch weitere eingefrorene Klimazeugen finden. So lassen geringe Spuren der radioaktiven Isotope von Beryllium und Kohlenstoff, ^{10}Be und ^{14}C, Rückschlüsse auf die solare Aktivität zu. Beide Isotope entstehen durch Einwirkungen kosmischer Strahlung auf die Atome der höheren Atmosphäre. Da die kosmische Strahlung durch das solare Magnetfeld teilweise von der Erde abgeschirmt wird und dieses mit der Sonnenaktivität zusammenhängt, entsteht die erwähnte Korrelation. Ähnliche Aussagen können auch vom radioaktiven Chlor-Isotop ^{36}Cl abgeleitet werden, das seine Entstehung ebenfalls der kosmischen Strahlung verdankt. Weiter gibt die im Eis eingeschlossene Aerosolmenge Auskunft über mittlere Windstärken, Sandstürme und Vulkanausbrüche oder aber auch die Bedeckung der Erdoberfläche durch Pflanzen (je dichter das Pflanzenkleid der Erde, desto weniger freie, staubige Flächen). So verlaufen zum Beispiel δ^{18}O-Temperaturen und Aerosoldichten im Dye-3 Eisbohrkern aus Grönland während der letzten Eiszeit bis in kleinste Details verblüffend parallel und zeigen, dass in den jeweils 50-100 Jahre dauernden relativen Wärmeperioden (mit kurzzeitigen globalen Temperaturanstiegen von ca. 2 K) 3 bis 5mal weniger Aerosol deponiert wurde. Wiederum stellt sich die Frage, ob die eigenartigen Klimafluktuationen während der Eiszeit durch Aerosole (aus Vulkanen?) verursacht wurden, oder ob der jeweils kältere Klimazustand durch vermehrte Stürme und Winde oder ein dünneres Pflanzenkleid gekennzeichnet war und die Ursache der Schwankungen in einer Instabilität des eiszeitlichen Klimazustandes gesucht werden muss. Weitere Informationen werden durch die am Südpol gemessenen (Vostok-Eisbohrkern) ^{10}Be-Konzentrationen geliefert, die über die gesamte Zeitspanne von 160'000 Jahren weitgehend umgekehrt parallel zur Kohlendioxidkonzentration verlaufen (in den Zwischeneiszeiten wird rund halb soviel ^{10}Be gemessen wie während des Eiszeitmaximums). Die ^{10}Be-Konzentration zeigt neben der erwähnten Korrelation mit der Sonnenaktivität (hohe Konzentration bei kleiner Sonnenaktivität wie z.B. während "kleiner Eiszeit") auch eine Proportionalität zum Aerosolgehalt in der Atmosphäre, weil sich ^{10}Be rasch auf Aerosoloberflächen niederschlägt und dann zusammen mit diesen durch Niederschläge ausgewaschen wird und so den Weg ins Eis der Polkappen findet. Es ist charakteristisch für viele "Archiv-Daten", dass verschiedene Interpretationen zur Erklärung ihrer Zeitverläufe herangezogen werden können. Sie sind also, wie das Beispiel von ^{10}Be zeigt, vielfach nicht eindeutig interpretierbar und müssen deshalb im Lichte jeder neuen Beobachtung immer wieder von neuem analysiert werden. Diejenige Interpretation dürfte der Realität am nächsten kommen, die imstande ist, am meisten verschiedenartige Beobachtungen widerspruchsfrei zu erklären.

Sedimente über Äonen

Das beständigste und daher älteste Klimaarchiv, das es auf der Erde gibt, sind Meeressedimente mit ihrer äusserst reichhaltigen und informativen Zusammensetzung. Über ihren Gehalt an ^{14}C- und ^{10}Be- sowie δ^{18}O-Werten (die C- und O-Atome sind Bestandteile von Kalk, $CaCO_3$) gilt das bereits für Eisbohrkerne Erläuterte, mit dem einzigen Unterschied, dass die δ^{18}O-Daten eher als Eisvolumen denn als Temperaturen zu deuten sind. Je mehr das leichtere ^{16}O-Isotop in Eismassen gebunden wird, desto mehr reichert sich das schwerere Isotop ^{18}O in den Ozeanen an, deren Oberfläche im letzten Eiszeitmaximum rund 120 m tiefer war als heute. Positive δ^{18}O-Werte bedeuten also grosse Eismassen. Ein interessantes Spurenelement in Sedimenten ist auch das stabile Isotop des Kohlenstoffs ^{13}C, weil es etwas weniger gut als der "gewöhnliche" Kohlenstoff ^{12}C in Pflanzenzellen eingebaut wird. Durch diese biologische Fraktionierung ist biogener Kohlenstoff von vulkanischem Kohlenstoff (emittiert als CO_2) unterscheidbar. Die Differenz δ^{13}C ist also ein Hinweis auf die biologische Aktivität innerhalb der etwa 75 m dicken, gut durchmischten Meeresoberflächenschicht. Weiter können in Sedimenten aber auch "Thermometer" in Form von Pollen verschiedener Pflanzen oder Meeresmikroorganismen gefunden und "gelesen" werden. Die Planktonart der Foraminiferen beispielsweise besteht aus verschiedenen einfachen Tieren, die aus einer bis wenigen Zellen aufgebaut sind und sich mit Hilfe einer Kalkschale schützen. Daraus bilden sich später Kalksedimente wie die weissen Riffe von Dover mit einer Aufbaurate von etwa 1 cm pro Jahrtausend. Ein interessantes Beispiel eines "Windmessers" wurde an Sedimenten der Cariaco-Bucht vor Venezuela erarbeitet, wo aus dem Auftreten zweier Planktonsorten auf die Stärke der Passatwinde geschlossen werden konnte. Bei starken Passatwinden quillt kaltes Tiefenwasser an die Oberfläche und die *G. Bulloides* dominieren, währenddem bei schwachen Winden und daher warmer Meeresoberfläche die *G. Ruber* in der Überzahl sind. Diese Analyse legt nahe, dass die Passatwinde während Kaltzeiten der letzten Eiszeit schwächer waren als heute. Neben Mikroorganismen geben auch Versteinerungen grösserer Pflanzen und Tiere Auskünfte über die Lebensbedingungen ihrer Zeit. Interessant ist eine nur wenige cm dicke Sedimentschicht, die an der Grenze zwischen der Kreide- und Tertiärzeit (67 Millionen Jahre vor heute) überall auf der Erde beobachtet werden konnte und auf einen mehrere km grossen Asteroiden (Kleinplanet) hindeutet, der damals mit der Erde zusammengestossen sein könnte. Indizien für einen solchen kosmischen Zusammenstoss sind neben der relativ hohen Iridium-Konzentration in dieser Schicht auch kleine Quarzkörner, die Spuren eines riesigen Temperatur-Druck-Schocks zeigen. Die abrupte Abnahme der Anzahl fossiler Tierarten in den darüberliegenden Sedimentschichten um ca. 70% deutet denn auch auf ein wichtiges Extinktionsereignis hin, dem unter vielen anderen auch die Dinosaurier zum Opfer fielen. Über die vergangenen 250 Millionen Jahre konnten aus den Sedimenten weitere 9 grössere und kleinere Extinktionsereignisse herausgelesen werden, die verblüffend regelmässig auftraten. Eine plausible Erklärung für diesen Sachverhalt könnte darin bestehen, dass die Erde alle 25 Millionen Jahre eine Asteroidenwolke kreuzt. Sollte sich diese Hypothese bestätigen lassen, dürfte die gegen die Asteroidentheorie der Extinktionsereignisse gerichtete Vulkantheorie weiter an Boden verlieren. Nach der letztgenannten Theorie sind die Extinktionsereignisse auf Klimaverschlechterungen als Folge vermehrter Vulkanausbrüche zurückzuführen.

Was können wir aus der Paläoklimatologie lernen?

Im Gegensatz zu Modellen (vgl. Kapitel III), die unsere lückenhaften Vorstellungen über das Klimasystem widerspiegeln und durch unsere Kenntnisse begrenzt sind, zeigt uns die Paläoklimatologie Überreste von Klimazuständen, die wirklich eingetreten sind und deshalb sehr ernst genommen werden müssen. Bevor wir nicht mindestens das langsame und unregelmässige Abgleiten der Globaltemperatur in die letzte Eiszeit hinein, den relativ raschen und einen "Rückfall" enthaltenden Anstieg zum nacheiszeitlichen Klimaoptimum sowie die nachfolgenden kleineren Optima und die kleine Eiszeit mit Hilfe unserer Modelle nachbilden und einigermassen im Detail verstehen können, muss man sich bei Modellprognosen betreffend die zukünftigen Klimaveränderungen auf böse Überraschungen gefasst machen. Neben Aussagen über verschiedene Eigenschaften des Klimasystems liefert also die Paläoklimatologie den Prüfstein für unsere Modelle, die uns einen Blick in die Zukunft erlauben sollen.

Es gibt kein Normalklima

Anhand von paläoklimatischen Erkenntnissen müssen wir das globale Klima als eine stark variierende Grösse verstehen. Während der letzten 100 Millionen Jahre mit ungefähr der heutigen Land-Wasser-Verteilung lagen die Mitteltemperaturen zwischen 26 und 11°C mit allgemein fallender Tendenz (vgl. Abb. 8). Diesem Trend von -0.15 mK/ky (Milligrad pro Jahrtausend) sind Schwankungen im 10 Millionen-Jahre-Bereich überlagert. Durch eine Kombination dieser Schwankungen mit dem erwähnten

66

Trend gelangte das Klimasystem vermutlich in einen kritischen Bereich, wo es im 100'000-Jahrestakt der Erdbahnparameter zu tanzen begann; es folgte die nun seit 2 Millionen Jahren andauernde Eiszeitenperiode mit Temperaturoszillationen um 5K. Die Analyse der letzten der 20 Schwingungen zeigte kleinere Temperaturfluktuationen um etwa 1-2 K, die zwischen etwa 20'000 und 10 Jahren jede beliebige Periode haben können. Die Situation ähnelt der einer turbulenten Strömung, vielleicht etwa einem Fluss bei einer Stromschnelle, wo auch nie von einer "Normalgeschwindigkeit" gesprochen werden kann. Insbesondere ist es unmöglich, eine allgemein gültige Basislinie festzulegen. Für eine unmittelbare Zukunft von nur einem Jahrhundert könnte man am ehesten von einem nacheiszeitlichen Abkühlungstrend von etwa -0.2 K/ky (Grad pro Jahrtausend) sprechen, dem eine Schwingung mit einer Periode von etwa 2500 Jahren überlagert ist, die eine Amplitude von etwa $\pm$ 0.5 K besitzt. Die "kleine Eiszeit" wäre demnach mit dem letzten Minimum dieser Fluktuation gleichzusetzen, und wir müssten uns momentan auf dem ansteigenden Ast befinden, den wir auf einer Zeitskala von wenigen Jahrhunderten als Trend von etwa + 2 K/ky ansprechen würden. Betrachten wir den recht genau gemessenen globalen Temperaturverlauf der vergangenen 100 Jahre, erkennen wir Fluktuationen mit einer Periode von etwa 60 Jahren und Temperaturänderungen von etwa $\pm$ 0.1 K. Wiederum als "Trend" und bezogen auf ein Jahrtausend ergäbe dies vor 1940

Zeitperiode in Jahren	Temperatur- variation in Graden	max. "Trend" in K/ky
100 Millionen	15	-0.00015
7000	1.5	-0.2
2500	1	$\pm$ 2
60	0.2	$\pm$ 6

Tab. 5: Natürliche Variationen der Globaltemperatur für verschiedene Zeitperioden und der damit verbundene maximale "Trend".

einen Gradienten von etwa + 6 K/ky, zwischen 1940 und 1970 aber einen solchen von -6 K/ky. Die in Tabelle 5 zusammengestellten Zahlen zeigen, dass, obwohl die kürzerfristigen absoluten Fluktuationen immer kleiner werden, die dadurch hervorgerufenen "Trends" zunehmen. Dadurch wird eine anthropogene Klimamodifikation solange verwischt, bis sie steiler ist als etwa 6 K/ky und Temperaturänderungen von mindestens etwa 0.5 K hervorgerufen hat. Nach Beobachtungen und Klimamodellrechnungen wird der anthropogene Beitrag übereinstimmend auf etwa 0.5 K über die letzten 100 Jahre entsprechend einem Gradienten von 5 K/ky geschätzt. Beide Kriterien sind also heute gerade etwa erfüllt. Es ist demnach zu erwarten, dass der menschliche Beitrag zum Treibhauseffekt in den kommenden 1-3 Jahrzehnten immer deutlicher aus den Temperaturmessungen abgelesen werden kann.

Das Klimasystem neigt zu Instabilitäten

Betrachten wir nun das Klima als komplexes Regelsystem, dessen Zustand durch eine Vielzahl von zirkulär-kausalen Prozessen eingestellt wird. Wäre dieses System sehr stabil, würde es nach jeder äusseren Störung rasch wieder in den Ausgangszustand "zurückfallen", ähnlich wie ein Luftballon nach jeder nicht allzu grossen Deformation sofort wieder seine ursprüngliche Normalform einnimmt. Nach allem, was wir über das Klimasystem wissen, trifft diese einfache Situation nicht zu. Wie wir bereits gesehen haben, fehlt schon ein Normalzustand und vieles deutet darauf hin, dass das Klima auf kleine Eingriffe mit grossen Veränderungen reagieren kann. Das sicherste Beispiel für diese Empfindlichkeit des Klimasystems sind die Eiszeiten, die im 100'000-Jahrestakt synchron mit Schwankungen der Elliptizität der Erdbahn um die Sonne aufgetreten sind. Die periodischen Veränderungen der Erdbahnparameter sind auf die gegenseitigen Anziehungskräfte zwischen der Erde und den übrigen Planeten des Sonnensystems zurückzuführen. Besonders wichtig für diese Störungen der Erdbahn sind die nahe gelegene Venus sowie der massereiche Jupiter. Eine kleine Veränderung der sog. Exzentrizität der Ellipsenbahn der Erde bedeutet aber nicht einmal eine Veränderung des gesamten, von der Erde eingefangenen solaren Energiestromes, sondern lediglich eine zeitliche Umverteilung von dessen Intensität. Wären die Landmassen symmetrisch auf die Nord- und Südhalbkugel verteilt, würden durch diese Intensitäts-Phasenverschiebungen keine Klimaschwankungen ausgelöst, weil sich über ein Jahr gemittelt alles ausgleichen würde. Aufgrund der Asymmetrie der Land-Wasserverteilung ist es jedoch nicht gleichbedeutend, ob die Nordhalbkugel im Sommer einige Prozent weniger Sonnenstrahlung und dafür die Südhalbkugel ein halbes Jahr später umso mehr bekommt (mehr elliptische Bahn) oder ob die Verteilung auf Nord- und Südhalbkugel ausgeglichen ist (mehr kreisförmige Bahn). Weil die Nordhalbkugel mit ihren Gletschern, Schnee- und Treibeisflächen besonders auf kühle Sommer so reagiert, dass diese zunehmen, wodurch sich die Albedo erhöht und es deshalb erst recht kälter wird (Eis-Albedo-Rückkoppelung), ist es entscheidend, wieviel Sommersonne die Nordhalbkugel bekommt. Dies ist abhängig von der Exzentrizität der Erdbahn und weiter noch von der Neigung und der Präzession (langsame Drehung der Achse wie bei einem Kreisel) der Rotationsachse der Erde. Die Überlagerung dieser drei Bewegungen mit Perioden von etwa 100'000, 40'000 und 20'000 Jahren ist nach der vom jugoslawischen Astronomen M. Milankovitch zwischen 1920 und 1941 aufgestellten Theorie der Taktgeber für die Eiszeiten. Ähnlich wie ein Orchester seine Lautstärke und seinen Rhythmus weitgehend parallel zu den Bewegungen des Taktstockes verändert, so verläuft auch die über die vergangenen 500'000 Jahre berechnete Sonneneinstrahlung auf die Nordhalbkugel derart überzeugend parallel zu δ^{18}O-Eisvolumendaten aus Meeressedimenten, dass am erwähnten Zusammenhang nicht gezweifelt werden kann [8]. Würde aber das Klimasystem dem Erdbahn-"Taktstock" lediglich passiv folgen, ergäben sich nur kleine Temperaturschwankungen in der Grössenordnung von einigen Zehntelsgraden. Ähnlich wie der Musiker reagiert also das Klimasystem empfindlich auf die Signale des Taktgebers und verstärkt diese um etwa einen Faktor von Zehn, was zu den bekannten Amplituden von rund 5 K zwischen den Eiszeitmaxima und den darauffolgenden Zwischeneiszeit-Optima führt. Ein weiteres Beispiel, das das Klimasystem als empfindlich gegenüber kleinen Veränderungen darstellen dürfte, ist die kleine Eiszeit, die zeitlich mit dem Maunder-Sonnenfleckenminimum zusammenfällt. Obwohl der Zusammenhang noch nicht gesichert ist, zeigt die bereits auf Seite 11 vorgestellte Abschätzung, dass ein Rückkoppelungsfaktor von etwa 3 die Beobachtungen zu reproduzieren vermag.

Nach allem, was wir wissen, scheint also das Klimasystem so gestaltet zu sein, dass es keinen eindeutigen Gleichgewichtszustand besitzt und empfindlich auf externe Störungen reagiert. Genau dieses Verhalten wurde auch bei der Beschäftigung mit der Dynamik nichtlinearer Systeme anhand verschiedenster Beispiele entdeckt und mit dem mathematischen Begriff des "seltsamen Attraktors" verknüpft. Es ist deshalb nicht erstaunlich, dass das Klimasystem mit seinen zahlreichen Regelkreisen und Nichtlinearitäten das beobachtete komplexe Verhalten offenbart. Analysen der Temperaturfluktuationen während der letzten Eiszeit sowie während der vergangenen hundert Jahre lassen vermuten, dass das Klimasystem mehrere quasistabile Zustände besitzt und mathematisch der Überlagerung mehrerer nahe beieinanderliegender seltsamer Attraktoren entspricht. Ein solch geartetes System kann als Folge kleiner Störungen von einem Attraktor auf einen anderen überwechseln. Sowohl die Eiszeiten als Ganzes sowie die bereits erwähnten Fluktuationen während der letzten Eiszeit um rund 2 K und auch der kurzzeitige Rückfall ("Jüngere Dryas"-Epoche 11'000 - 10'000 Jahre vor heute) beim Übergang zur Nacheiszeit werden dadurch mindestens qualitativ verständlich. Der letztere hängt vermutlich mit der Zentralheizung Nordeuropas, dem Golfstrom, zusammen, der während der Eiszeit "ausgeschaltet" war, dann mit fortschreitender Erwärmung "eingeschaltet" wurde, aber noch einmal kurzzeitig für ein Jahrtausend "ausfiel", bevor er seine Funktion ununterbrochen (nun schon 10'000 Jahre) wahrnahm. Weiter wird plausibel, dass ein derartiges System zu Katastrophen, d.h. relativ schnellen, markanten Übergängen in andere metastabile Zustände neigt. Als Auslösefaktoren kommen dafür neben den erwähnten Schwankungen der Erdbahn und der Sonnenintensität auch die im Zusammenhang mit Extinktionsereignissen bereits erwähnten Häufungen grosser Vulkanausbrüche oder Zusammenstösse der Erde mit grossen Meteoriten in Frage, die beide die Atmosphäre für eine gewisse Zeit (Monate bis Jahre) mehr oder weniger stark verdunkeln können.

Aufgrund der hier skizzierten Überlegungen wird klar, dass Klimakatastrophen zufolge des instabilen Verhaltens des Klimasystems bei einer Temperaturreduktion auf der Nordhalbkugel eintreten können. Als Ursache kommen kleine Veränderungen der Erdbahn, der Sonnenstrahlung oder der Albedo (durch Staub) in Frage. Diese Resultate können jedoch nicht unbesehen auf Temperaturerhöhungen übertragen werden, da sich das System unter Umständen gegenüber einer Temperaturzunahme auch stabil verhalten könnte. Die heutige Temperatur von 15°C wäre in einem solchen Fall nahe bei einem kritischen Wert, bei dessen Überschreiten sich das Systemverhalten grundlegend verändert. Leider kennen wir die am wenigsten weit zurückliegende Situation mit deutlich höheren Temperaturen, die ca. 5 Millionen Jahre vor heute auftrat, zu wenig genau, um eine Stabilitätsaussage daraus ableiten zu können. Insbesondere ist deshalb unklar, ob oberhalb von 15°C ein Temperaturintervall mit stabilem Verhalten liegt und, wenn dies zutreffen würde, wie breit es wäre. Die Tatsache, dass keine der etwa 20 Zwischeneiszeiten wärmer war als die letzte vor 130'000 Jahren, die etwa 1.5 K über dem heutigen Wert lag, scheint ein Stabilitätsband von mindestens 1.5 K Breite anzudeuten. Zu Instabilitäten führende Prozesse wären bei höheren Temperaturen wohl kaum die Eismassen, sondern viel eher die in einer wärmeren Welt stark zunehmende Verdampfung sowie die damit zusammenhängenden Wolkenbildungsprozesse, die heute noch viel zu wenig genau bekannt sind. Es sei in diesem Zusammenhang lediglich an den beobachteten kritischen Wert der

Meeresoberflächentemperatur von ca. 27°C erinnert, bei dessen
Überschreitung das Auftreten von Wirbelstürmen (Hurrikane, Tai-
fune) sprunghaft zunimmt. Eine dadurch verstärkte Bildung
hochgelegener Wolkenschleier würde sich verstärkend auf den
Treibhauseffekt auswirken und deshalb einen Rückkoppelungs-
mechanismus darstellen, der zu Instabilität neigt. Zusam-
menfassend könnten die Stabilitätseigenschaften des Klimasystems vielleicht gemäss Abbildung 10 dargestellt werden. Es
würde damit die Diskrepanz zwischen dem relativ hohen Rückkoppelungsfaktor von etwa 3, der aus Temperatur-, CO_2- und
CH_4- Schwankungen während der letzten Eiszeit abgeleitet
wurde, und der Ansicht von Wolkenforschern aufgelöst, die für
den heutigen Klimazustand einen Rückkoppelungsfaktor in der
Nähe von 1 eruiert haben wollen. Selbst wenn sich alle diese Aussagen erhärten sollten, wäre es aber keinesfalls auszuschliessen,
dass ein weiteres, etwas höher gelegenes Instabilitätsband existie-

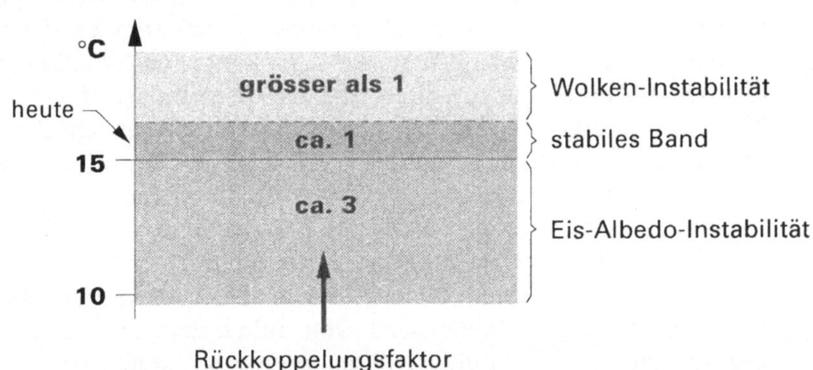

Abb. 10: Mögliche Variante für das Stabilitätsverhalten des Klimasystems, die alle heutigen Kenntnisse in Einklang bringen
würde.

ren könnte, dessen Existenz wir nicht aus den heute vorliegenden paläoklimatologischen Erkenntnissen ableiten können. Müssen wir uns also auf Überraschungen gefasst machen? Könnte das Klima ab einer gewissen Temperatur nach oben davonlaufen? Wir wissen es nicht.

Die zu erwartenden anthropogenen Klimaveränderungen erfolgen rasch und sind ungeheuer gross

Der Blick in die Vergangenheit gibt uns ein Gefühl für die Geschwindigkeit sowie die Amplitude von tolerierbaren Klimaveränderungen. Tolerierbar bedeutet in diesem Zusammenhang, dass die heute vorhandene Biosphäre damit fertig werden kann, was wir aus der Tatsache schliessen können, dass sie bis heute überlebt hat. Dies heisst jedoch nicht, dass nicht Millionen von Tier- und Pflanzenarten im Laufe der Evolution durch Klimaveränderungen (und weiteren Ursachen) ausgestorben wären. Vielmehr gehört das Klima und seine Veränderungen zum Selektionsmechanismus und die heutige Existenz eines Organismus bedeutet, dass dieser nebst anderen alle "Klimaprüfungen" bestanden hat. In diesem Lichte sind also Klimaveränderungen weder grundsätzlich schlecht noch aussergewöhnlich. Ein Blick auf die 600 Millionen Jahre, innerhalb derer die Biosphäre die Landoberfläche eroberte, zeigt ausserdem, dass nur die letzten 3 Promille dieser Zeitspanne (Quartär, 2 Millionen Jahre, vgl. Abb. 8) relativ kühl waren. Es besteht deshalb kein Zweifel, dass der Biosphäre eine wärmere Welt angenehm wäre, hat sie sich doch unter solchen Umständen entwickelt. Worin besteht dann die Klimaproblematik, wenn doch Veränderungen zum Leben gehören und der angestrebte wärmere Zustand vorteilhaft sein könnte? Es stehen zwei Problemkreise im Vordergrund, ein allgemeiner und ein stark anthropozentrischer.

Zuerst zum allgemeineren, die gesamte Biosphäre betreffenden Problem. Von diesem Standpunkt aus betrachtet ist einzig die Kombination von Schnelligkeit und Grösse einer Klimaveränderung problematisch. Kleinere aber schnellere Veränderungen um etwa 2 K waren beispielsweise während der letzten Eiszeit häufig. Wie Isotopenmessungen an grönländischen Eisbohrkernen zeigen, erfolgten die Übergänge zwischen aufeinanderfolgenden metastabilen Klimazuständen innerhalb rund einem Jahrzehnt und die Verweildauer in den jeweiligen sich um etwa 2 K unterscheidenden Zuständen schwankte zwischen weniger als einem und mehreren Jahrhunderten. Der am wenigsten weit zurückliegende stärkste und schnellste Temperaturanstieg dürfte vor 10'700 Jahren am Ende der Dryas-Kaltzeit vorgekommen sein, als die Temperatur innerhalb von nur etwa 50 Jahren um rund 3 K zunahm. Nach weiteren 50 Jahren fiel sie allerdings wieder um mindestens ein Grad zurück, um dann wesentlich langsamer (ca. 2-3 K pro Jahrtausend) gegen das nacheiszeitliche Optimum anzusteigen. Diese sprunghaften Erwärmungen liegen also alle in einer Grössenordnung von 2 K und gehen von einem niedrigen eiszeitlichen Temperaturniveau aus. Daher können sie nicht ohne weiteres als Massstab für die bevorstehenden anthropogenen Klimaveränderungen dienen. Es lässt sich aber aus diesen Beobachtungen schliessen, dass die bevorstehende Erwärmung von etwa 4 oder vielleicht sogar gegen 8 K innerhalb eines Jahrhunderts zumindest für das Quartär (vergangene 2 Millionen Jahre) einmalig und deshalb in ihren Auswirkungen auf die Biosphäre weitgehend unbekannt ist.

Nun zu den mehr anthropozentrischen Problemen, die in ihren Auswirkungen für den Menschen weit schwerwiegender sein dürften als der oben erwähnte Schock für die Biosphäre. Der Mensch hat im vergangenen Jahrtausend unter Inkaufnahme grosser Verluste durch Kriege, Seuchen und Hungersnöte ein komplexes sozial-ökonomisches Gefüge geschaffen, das durch einigermassen stabile Landesgrenzen fixiert ist. Seine Funktionsfähigkeit ist nicht absolut überzeugend, aber immerhin hat es eine Bevölkerungszunahme um den Faktor 20 erlaubt. Vor allem die kritische Abhängigkeit dieses Gefüges vom Klima wird immer wieder klar aufgezeigt durch Klimaanomalien in verschiedenen Erdteilen, die sofort zu Versorgungsengpässen und Migrationstendenzen führen. Wie im Falle der Biosphäre ist es wiederum nicht die Erwärmung an sich, die problematisch wäre, aber auch nicht so sehr die Geschwindigkeit der Veränderungen, die mit Hilfe der stark erhöhten Mobilität zu meistern wäre. Im Hinblick auf den Menschen besteht das Problem vor allem darin, dass ein Ausweichen aufgrund der enorm hohen Bevölkerungszahl nicht möglich ist und, falls der Druck allzu gross wird, es höchstens mit Gewalt versucht werden kann. Man stelle sich vor, dass man nur die rund 300 Millionen Menschen, die vor tausend Jahren die Erde bevölkerten, in einem stark veränderten Klima ernähren müsste. Angenommen, ein Drittel (100 Millionen) müsste innerhalb von 100 Jahren einen neuen Lebensraum suchen. Dies wäre im Vergleich zur heutigen Situation, in der 100 Millionen zusätzliche Erdenbewohner in einem einzigen Jahr einen neuen Lebensraum suchen, überhaupt kein Problem! Eines der primären und gefährlichsten Probleme der Menschheit ist ihre hohe Vermehrungsrate und Bevölkerungszahl. Dieses gravierende und äusserst schwierig anzugehende Problem wird durch die bevorstehenden Klimaveränderungen umso stärker verschärft, je schneller diese erfolgen und je grösser sie sind.

III   Modelle — kondensiertes Wissen

Warum Modelle?

Die grundsätzliche Frage an den Wissenschafter könnte etwa lauten: "Warum nehmt ihr nicht einfach einen Computer und rechnet aus, was passiert?" Hier wäre als erstes zu bemerken, dass die materielle Struktur, die "Hardware" eines Computers, nicht intelligenter ist als diejenige einer Schreibmaschine, die bekanntlich auch noch kein Buch schreibt, nachdem man sie eingeschaltet hat. Währenddem man der Schreibmaschine jeden Buchstaben eines Textes einzeln mitteilen muss, ist jedoch ein Computer fähig, auch sehr indirekte Anweisungen selbständig auszuführen. Da er ein Gedächtnis in Form eines Speichers (Memory) besitzt, muss man auch nicht warten, bis er eine Anweisung fertig bearbeitet hat, sondern man kann ihm ein ganzes Paket von Befehlen in Form eines Programmes geben und während der Bearbeitung Kaffee trinken gehen. Dieses Programm jedoch, die sogenannte "Software", ist ein Produkt, das nur der Wissenschafter herstellen kann. Es enthält in codierter Form (Computersprache wie z.B. BASIC, PASCAL oder FORTRAN) diejenigen Zusammenhänge, die dem Forscher ausgehend von Beobachtungen in der Natur bekannt sind. Da laufend neue Erkenntnisse gewonnen und mit Hilfe wissenschaftlicher Publikationen verbreitet werden, sind solche Computerprogramme oder Modelle einem dauernden Entwicklungsprozess unterworfen. Als zweite Bemerkung wäre anzufügen, dass man auch den schnellsten Supercomputer durch ein allzu detailliertes Modell mit Leichtigkeit überfordern kann, was sich in einer langen Rechenzeit äussert (um die Computerleistung einigermassen gerecht zu verteilen, bekommt jeder Wissenschafter ein bestimmtes Rechenzeit-Budget). Deshalb enthält jedes Klimamodell notwendigerweise viele Vereinfachungen. Da diese einerseits von der spezifischen anzugehenden Frage und andererseits auch von der persönlichen Beurteilung des modellbauenden Wissenschafters abhängen, gibt es mindestens so viele verschiedene Modelle wie Modellbauer. Welches Modell ist das beste? Für jeden Wissenschafter das seinige! Wann ist die Modellentwicklung abgeschlossen? Nie!

Wie entstehen Modelle?

In Abbildung 11 ist der iterative Kreisprozess schematisch dargestellt, der zum Bau sowie zur Weiterentwicklung von Modellen führt. Vielfach geschieht der Einstieg in den Kreisprozess durch Verwendung bereits bekannter mathematischer Zusammenhänge (Naturgesetze) zur Formulierung einer ersten provisorischen Modellversion. Ein anderer vielfach benutzter Einstieg ist die Übernahme eines Modells von einem anderen Forscherteam. Da im Falle des Klimas keine gezielten Experimente durchführbar sind, bleibt nichts anderes übrig, als sogenannte Testfälle in der Vergangenheit zu suchen, an denen sich die Fähigkeiten eines Modells messen lassen. Ein Vergleich von Modell-Simulationsrechnungen für solche Testfälle mit den entsprechenden Beobachtungen, der praktisch nie zufriedenstellend ausfällt, gibt dann Hinweise für weitere Beobachtungen, die helfen sollen, die Diskrepanz zwischen Modellrechnung und Realität zu erklären. Eine so erarbeitete neue Erkenntnis wird daraufhin mathematisch formuliert und bildet die Grundlage für eine neue Modellversion. Dieser Prozess hat ebensowenig einen klar definierten Abschluss wie etwa die Entwicklung von Autos oder Waschmitteln. Der in Abbildung 11 dargestellte Kreisprozess zeigt auch deutlich die Aufgabenteilung zwischen dem Forscher und dem Computer. Währenddem die Maschine lediglich ein wichtiges Werkzeug für die Realisierung eines Prozessschrittes darstellt, hängen alle übrigen Schritte von der geistigen Kreativität des Wissenschafters ab. Dieser sich über Jahrzehnte erstreckende Modell-Entwicklungsprozess ist einer der Gründe, die es für einen aussenstehenden Wissenschafter oder Laien so schwierig machen, die aus Modellrechnungen stammenden Klimavorhersagen für das kommende

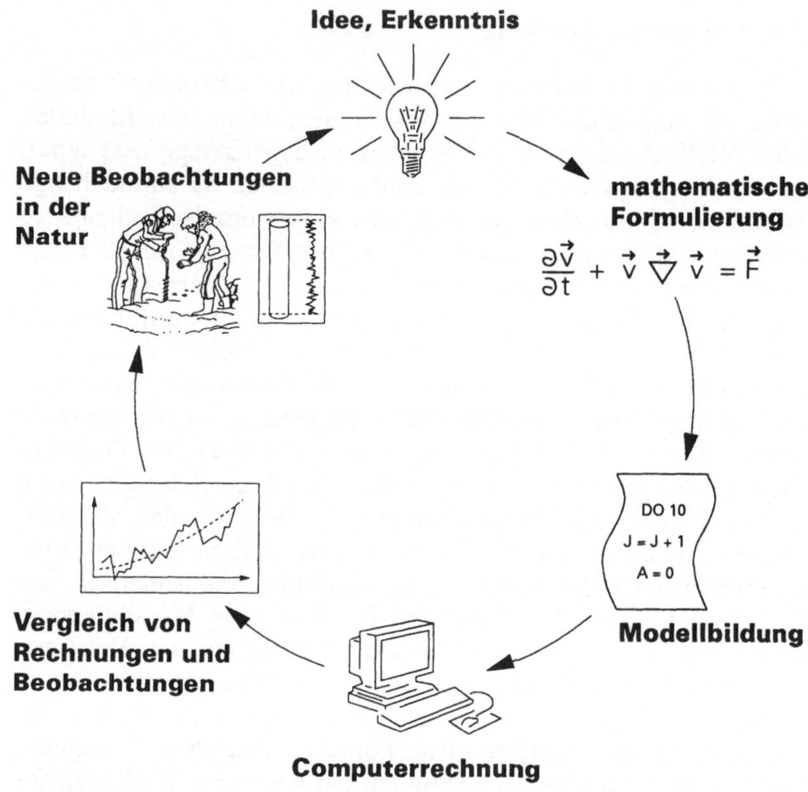

Abb. 11: Modellbildung ist ein iterativer Kreisprozess ohne klar definiertem Abschluss. Der Computer ist lediglich ein (wichtiges) Werkzeug für die Realisierung eines Prozessschrittes. Alle übrigen Prozessschritte gehören zur geistigen Arbeit des Wissenschafters.

Jahrhundert zu werten, um daraus den Grad der Notwendigkeit von politischen Massnahmen ableiten zu können. Die wohl beste Lösung für dieses Problem besteht darin, ein möglichst umfangreiches interessiertes Publikum mit Hilfe allgemeinverständlicher Informationen den Entwicklungsprozess miterleben zu lassen. Dabei dürfen sich teilweise widersprechende Modellresultate und Interpretationen von Beobachtungen nicht als störend empfunden werden, sondern müssen im Gegenteil als Ausdruck einer unabhängigen und lebendigen Wissenschaft interpretiert werden. Die viel gehörte Aussage "die Wissenschafter sind sich nicht einig" widerspiegelt lediglich die Tatsache, dass der Modellentwicklungsprozess noch voll im Gange ist. Eine genauere Verfolgung dieses Entwicklungsprozesses wird auch das Verständnis dafür fördern, dass wesentliche und kostspielige Massnahmen zur Eindämmung des Treibhauseffektes nicht aus einer Position der absoluten Sicherheit heraus unternommen werden können. Auch noch so raffinierte Modelle und schnellste Computer werden uns immer eine schöne Portion Unsicherheit für jede Art von Entscheidungen, auch für das Nichtstun, überlassen.

Zoologie der Modelle

Obschon Modelle ähnlich wie Menschen Individuen sind, lassen sie sich in verschiedene Arten unterteilen, die jedoch vielfach nicht in Reinkultur vorliegen. Modellarten lassen sich teilweise kombinieren, woraus sogenannte Hybridmodelle entstehen. Um nicht allzu weit in Details vorzustossen, sollen hier als Orientierungshilfe nur drei Modellarten unterschieden werden, nämlich Naturgesetz-Modelle, parametrisierte und empirische Modelle.

Naturgesetz-Modelle

In diese Klasse fallen die seltenen Sonderfälle von einfache Systeme simulierenden Modellen, die in Physik-Grundkursen an

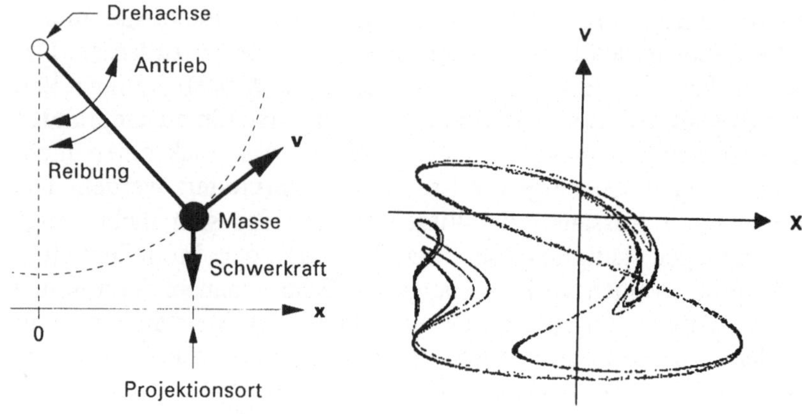

Abb. 12: Aus der physikalischen Problemstellung lässt sich die exakte Newtonsche Bewegungsgleichung ableiten (links). Eine numerische Lösung dieser Differentialgleichung für starke Anregung offenbart ein aperiodisches (chaotisches) Verhalten. Nach jeder Anregungsperiode (d.h. in gleichen Zeitabständen) wurden stroboskopartig Geschwindigkeit v und Projektionsort x festgehalten (rechts).

Gymnasien und Universitäten zur Norm erhoben werden und dem Studenten ein völlig unzutreffendes Bild der Berechenbarkeit der Natur vermitteln. Fast alles in diesen Kursen ist analytisch (d.h. mit Hilfe von Formeln auf dem Papier) lösbar oder, falls "nur" eine als etwas minderwertig apostrophierte numerische (d.h. mit einem Computer berechenbare) Lösung existiert, so ist doch wenigstens das physikalische Problem exakt durch Naturgesetze formulierbar. Ein Beispiel für diesen letzteren Fall ist ein Pendel, das durch eine geschwindigkeitsproportionale Reibungskraft gebremst und durch eine periodische Kraft angetrieben wird. Sobald diese Kraft einen kritischen Wert übersteigt und das Pendel

80

dementsprechend grosse Ausschläge macht oder sogar oben überschwingt, wird seine Bewegung chaotisch. Dies bedeutet, dass seine Bahn sehr kompliziert wird und äusserst empfindlich auf kleinste Störungen reagiert. In Abbildung 12 ist das Ergebnis einer entsprechenden Computer-Rechnung wiedergegeben. In regelmässigen Zeitabständen, die mit der konstanten Frequenz der Antriebskraft synchronisiert waren, wurden Geschwindigkeit v und Projektionsort x des Pendels in ein v-x-Diagramm als Punkt eingetragen. Dadurch entsteht eine komplizierte und fremdartig anmutende Figur, die seltsamer Attraktor genannt wird. Es ist klar, dass keine analytische Lösung in Form einer geschlossenen Formel existieren kann, die diese unendlich lange, unregelmässige und sich nie wiederholende Punktesequenz zu beschreiben vermag.

Mit Hilfe solcher Naturgesetz-Modelle lassen sich vor allem in der Atomphysik, der Elektronik, Optik und Wärmelehre erstaunliche Voraussagen von Phänomenen erzeugen, bevor diese je gemessen oder beobachtet wurden. Es wäre aber ein grosser Fehler, diese hervorragende Leistung des menschlichen Geistes unbesehen auf derart komplexe Systeme wie das globale Klimasystem übertragen zu wollen und vergleichbar gute Prognosen zu erwarten. Ich werde auf die Gründe noch eingehen, weshalb dies nicht möglich ist.

Parametrisierte Modelle

Zur Berechnung einer Wolke, eines Thermikschlauches, eines Kühlturmschwadens oder der Rauchgasfahne aus einem Kamin ist es möglich, das zu lösende Differentialgleichungssystem auf wenige Zeilen einer einzigen Seite zu schreiben. Im Prinzip ist das Phänomen also verstanden und physikalisch-mathematisch eindeutig formulierbar. Das grosse Problem erscheint erst dann, wenn versucht wird, eine numerische Lösung des erwähnten Formelsatzes zu erzeugen. Alle die mit den erwähnten Phänomenen zusammenhängenden Strömungsfelder sind nämlich turbulent und dies bedeutet, dass Bewegungen der verschiedensten Grössen wirr durcheinanderlaufen. Die grössten Wirbel haben die Dimension des mittleren Durchmessers des Phänomens, also im Falle von Wolken Kilometer, und die kleinsten Wirbel hängen mit der Zähigkeit der Luft zusammen und liegen in der Grössenordnung von einem Millimeter. Um eine mittelgrosse Wolke auf dem Computer zu simulieren, müsste deshalb ein Luftvolumen von rund 100 km^3 mit einer Auflösung von 1 mm^3 berechnet werden. Dies ergäbe aber 10^{20} (hundert Milliarden Milliarden oder eine Eins mit zwanzig Nullen) Gitterplätze, für die je Druck, Temperatur, Feuchte, Dichte, drei Geschwindigkeitskomponenten sowie Hilfsgrössen gespeichert werden müssten. Um so viele Zahlen unterzubringen, würden tausend Milliarden Superrechner der Welt-Spitzenklasse benötigt. Ein einzelner solcher Rechner steht in Manno im Kanton Tessin. Damit aber nicht genug. Um nämlich auf einem Millimeter-Netz Geschwindigkeiten bis zu 10 m/s (36 km/h) zu verdauen, müsste in Zeitschritten von Zehntausendstelsekunden (0.001m/10m/s) gerechnet werden. Dabei müssten bei jedem Rechenschritt mit jeder Zahl viele Multiplikationen durchgeführt werden. Wären dies etwa 10, würde unser Superrechner rund 1 Milliarde Jahre benötigen, um eine einzige Sekunde zu simulieren. Mit anderen Worten: Wäre die Maschine seit der Entstehung der Erde in Betrieb und hätte sie ununterbrochen jede Sekunde 5 Milliarden Multiplikationen durchgeführt, dann hätte sie bis heute etwa 5 Sekunden im Leben einer mittelgrossen Wolke simulieren können. Man muss sich also mit viel weniger Gitterpunkten zufrieden geben, d.h. etwa 100'000 entsprechend einem Gitterabstand von 100 m. Man kann sich dann auch längere Zeitschritte in der Grössenordnung von 10 Sekunden erlauben. Mit der analogen Abschätzung wie oben erhält man nun eine Simulationszeit von rund 1 Stunde mit einer Rechenzeit von nur einer Sekunde (dies ist eine etwas zu optimistische Abschätzung, denn die tatsächliche Durchführung solcher Rechnungen erweist sich als 10-50mal langsamer). Was geht aber bei der drastischen Vergröberung des

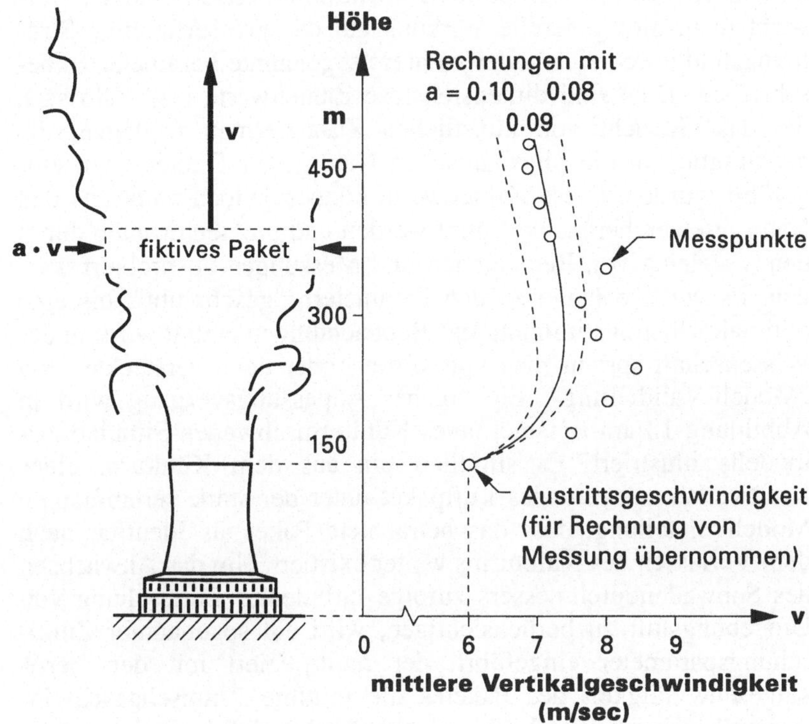

Abb. 13: Bestimmung des optimalen Wertes eines Zumischparameters a für ein Paketmodell zur Simulation von Kühlturmschwaden. Die Messungen wurden an einem verkleinerten Kühlturmmodell im Massstab 1:100 im Labor durchgeführt und anschliessend ähnlichkeitstheoretisch auf einen realen Kühlturm übertragen. Die beste Übereinstimmung mit der Modellrechnung ergibt sich mit a = 0.09. Die untersten 6 Messpunkte werden durch alle Rechnungen schlecht wiedergegeben, weil im Modell keine durch den Kühlturmrand verursachten Mündungseffekte berücksichtigt wurden.

Maschengitters verloren? Alle Wirbel mit Durchmessern unterhalb von 100 m werden nicht mehr simuliert. Stattdessen versucht man, ihre generelle Wirkung auf das grösserräumige Strömungsfeld durch einen oder mehrere sogenannte Parameter zu beschreiben. Dies sind dimensionslose Zahlenwerte (vgl. Glossar), die das Gewicht von künstlichen Zusatztermen festlegen, die nachträglich in die physikalischen Naturgesetz-Gleichungen eingeführt wurden. Diese Zahlenwerte können jedoch nicht aus den Naturgesetzen heraus bestimmt werden und müssen deshalb durch den Vergleich von Rechnungen und Messungen ausprobiert werden. Es wird so lange an den Parametern "geschraubt", bis eine optimale Übereinstimmung mit Beobachtungen erzielt wird; in der Wissenschaft spricht man von "fitten" oder noch versteckter von "Modell-Validierung". Ein solcher Anpassungsvorgang wird in Abbildung 13 am Beispiel eines Kühlturmschwaden-Simulationsmodells illustriert. Es simuliert ein aus dem Kühlturm eines Kraftwerkes austretendes Luftpaket unter der stark vereinfachten Modellvorstellung, dass das betrachtete Paket als Identität nach dem Verlassen des Kühlturms weiter existiert. Um das Anwachsen des Schwadendurchmessers zufolge turbulenter Zumischung von Umgebungsluft zu berücksichtigen, wird ein sogenannter Zumischungsparameter eingeführt, der multipliziert mit der Vertikalgeschwindigkeit des Paketes die mittlere Zumischgeschwindigkeit beschreiben soll. Ein solches Paketmodell lässt sich auf einem PC (Tischcomputer) in wenigen Sekunden durchrechnen und leistet für viele Fragestellungen gute Dienste.

Empirische Modelle

Währenddem im Falle von parametrisierten Modellen physikalische Grundprinzipien zu deren Formulierung herangezogen werden und die parametrisierten Teile lediglich Vereinfachungen von Teilprozessen darstellen, so entfällt bei empirischen Modellen die Physik fast ganz. In diese Kategorie fallen viele "Faustformeln" oder Rechenvorschriften, wie sie im Ingenieurwesen zur Abschät-

84

zung der Auslegung von Bauten oder Maschinen sehr rege benutzt werden. So basieren beispielsweise Aufstiegsrechnungen heisser Kamingase, die zur Bestimmung der notwendigen Kaminhöhe durchgeführt werden, auf empirischen "Schornsteinformeln", die im wesentlichen auf einer Dimensionsanalyse beruhen, d.h. sie erfüllen die physikalische Minimalforderung, dass die Masseinheiten stimmen. Für den in Abbildung 13 gezeigten Fall einer senkrecht aufsteigenden Rauchgasfahne (Windstille) lautet die entsprechende Formel für die maximale Aufstiegshöhe h über die Kaminhöhe hinaus:

$$h = 5 \ (F^2 / s^3)^{1/8}$$

F ist der sogenannte Auftriebsfluss, der aus der Temperatur der Rauchgase sowie ihrer Kamin-Austrittsgeschwindigkeit und dem Kaminradius berechnet wird. Die Grösse s beschreibt die mittlere Stabilität der Atmosphäre und lässt sich aus der Temperaturabnahme mit zunehmender Höhe bestimmen. Da F und s die Masseinheiten m^4/s^3 respektive $1/s^2$ haben, ist deren einfachste Kombination, die h (Höhe) in m (Metern) ergibt, die achte Wurzel aus dem Quadrat von F dividiert durch die dritte Potenz von s wie aus der obigen Formel ersichtlich. Der davor stehende Faktor 5 ist ein Parameter, der für eine optimale Übereinstimmung mit entsprechenden Beobachtungen sorgt. Es ist einleuchtend, dass solche Modelle nur noch beschränkte Prognosefähigkeiten besitzen und lediglich bereits gemachte Beobachtungen in mathematischer Sprache zusammenfassen. Gerade im erwähnten Ingenieurbereich sind aber solche einfachen Zusammenfassungen von unschätzbarem Wert, indem sie erlauben, aus der Konstruktion vieler ähnlicher Strukturen für die nächste zu profitieren. Sobald das Konzept grundlegend verändert wird, sind die Formeln aber wertlos oder sogar irreführend.

Grenzen der Modelle

Gefährliche Vereinfachungen

Aufgrund des vorigen Abschnittes über verschiedene Modellarten wird klar, dass der physikalische Gehalt bei den Naturgesetz-Modellen maximal hoch ist und über die parametrisierten zu den empirischen Modellen hin stark abnimmt. Ein Naturgesetz-Modell ist im Hinblick auf Prognosen zukünftiger Zustände am sichersten. Wie ich noch darlegen werde, kann aber selbst in diesem besten Fall eine Prognose über einen gewissen Zeitraum hinaus unmöglich werden, wenn das System sich in einem chaotischen Zustand befindet. Bei parametrisierten Modellen wirft die Prognosesicherheit aufgrund der Vereinfachungen bereits wesentliche Fragen auf. Da ist hauptsächlich die Frage nach der Konstanz der Parameter. Weil es sich hierbei nicht um Naturkonstanten handelt, ist damit zu rechnen, dass sich aufgrund bestimmter Experimente und Beobachtungen festgelegte Parameterwerte in unvorhersehbarer Art und Weise verändern könnten. Besonders im Klimabereich könnten Parameter, wie beispielsweise CO_2-Austauschkoeffizienten (vgl. Glossar) zwischen Meer und Atmosphäre, vom Klimazustand selbst abhängen. In einem solchen Fall, der keineswegs auszuschliessen ist, sind aber Prognosen für zukünftige Zustände auf der Basis von Parametern, die durch den Vergleich mit Beobachtungen des heutigen Zustandes bestimmt wurden, als äusserst unsicher einzustufen. Man versucht, diesem Problem auf zwei Arten zu begegnen. Einerseits wird die Empfindlichkeit der Resultate in Bezug auf kleinere Veränderungen der Parameter in sogenannten "Sensitivitätstests" untersucht und anstatt einer exakten Prognose ein Prognoseintervall (d.h. eine mutmassliche obere und untere Grenze der Resultate) angegeben. Der Nachteil dieses Verfahrens ist allerdings der, dass diese Intervalle teilweise so gross werden, dass die Resultate an Wert und Glaubwürdigkeit verlieren. Andererseits wird versucht, Modelle an vergangenen Klimaepochen (letzte Eiszeit oder Zwischeneiszeit, Jüngere Dryas Kaltzeit) zu testen. Dieses Verfahren enthält jedoch den ernstzunehmenden Nachteil, dass innerhalb der vergangenen Eiszeiten-Epoche von 2 Millionen Jahren Dauer keine Klimazustände existierten, die so hohe Temperaturen aufwiesen, wie wir sie bis zum Ende des 21. Jahrhunderts zu befürchten haben. Eine Kalibrierung der Modelle an Kaltzeiten gibt uns keine Gewähr für deren Gültigkeit in einer wesentlich wärmeren Welt. Die wärmeren Epochen vor 100 Millionen Jahren sind für Modellkalibrierungen ebenfalls ungeeignet, da einerseits nur unsichere Daten existieren und andererseits wichtige klimabestimmende Elemente stark von ihren heutigen Werten abwichen (z.B. Land-Meer-Verteilung, Gebirgshöhen). Neben der Konstanz der Parameter sind aber auch die Parameter selbst unsicher, denn es ist aufgrund der inhomogenen Struktur der Erdoberfläche äusserst schwierig, globale Parameter wie z.B. CO_2-Austauschkoeffizienten zu bestimmen. In Anbetracht moderner Fernerkundungsmethoden ab Satelliten scheint aber dieses Problem grundsätzlich eher lösbar als das bereits erwähnte. Schliesslich muss berücksichtigt werden, dass die Parameterwerte von der subjektiven Wahl der zugrundegelegten "Eichfälle" abhängen und dass jeder Vergleich zwischen Rechnungen und Beobachtungen ein komplexes Prozedere darstellt, das auch nicht frei von subjektiven Einflüssen ist. Hierzu sei lediglich angeführt, dass der Vergleich zweier einzelner Temperaturen wohl einwandfrei und objektiv durchgeführt werden kann, dass aber bereits zwei Temperaturfelder nicht mehr nach rein objektiven Kriterien miteinander verglichen werden können. Es scheint jedoch, dass auch dieses Problem weniger unlösbar als das erstgenannte ist.

Nach dieser kritischen Auseinandersetzung mit den Grenzen von Parameter-Modellen ist es beinahe überflüssig zu erwähnen, dass der Grad der Unsicherheit im Falle von empirischen Modellen noch höher ist. Wo sind nun Klimamodelle einzuordnen? Sie sind alle grundsätzlich parametrisiert und enthalten immer auch empirische Relationen. Damit ist klar, dass sie irgendwo zwischen den parametrisierten und empirischen Modellen einzuordnen sind,

wobei die Entwicklung immer mehr in Richtung prozess-
orientierter Parametermodelle läuft.

Chaotisches Verhalten begrenzt den Vorhersagezeitraum

Neben alle oben behandelten Probleme aufgrund unsicherer oder
sich verändernder Parameterwerte tritt noch ein weiteres
Unsicherheitselement, das einen vollständig anderen Charakter hat
und selbst bei den exaktesten Naturgesetz-Modellen vorkommen
kann: Chaos. Die Natur steckt voll von nichtlinearen Prozessen,
und diese können dazu führen, dass die Stabilität des zeitlichen
Verhaltens eines Systems sowie der entsprechenden Simulations-
rechnungen verlorengeht. Dies bedeutet, dass eine Wiederholung
derselben Rechnung mit nur leicht veränderten Anfangsbedingungen oder Parameterwerten zu einem vollständig anderen Resultat
führen kann. Dieses äusserst bedenkliche Verhalten tritt bereits bei
sehr einfachen nichtlinearen Systemen auf und bildet heute im
Rahmen der Chaostheorie Gegenstand intensiver wissenschaftlicher Untersuchungen. Das einfachste und deshalb berühmteste
Beispiel zur Demonstration dieses "Fehlerwachstums" ist die sogenannte "Logistische Abbildung", die bereits 1844 durch Pierre
François Verhulst, einem Mathematiker an der belgischen Mili-
tärschule, eingeführt wurde, um das Wachstum einer Population
bei begrenzten Ressourcen zu beschreiben. Man denke sich beispielsweise x_n als Anzahl Fische in einem Teich im Jahre n. Die
Populationszahl im Folgejahr wäre dann gemäss dieses einfachen
Modelles

$$x_{n+1} = r\, x_n\, (1-x_n)$$

x_n ist hierbei als Prozentsatz der maximal möglichen Population
($100\% = 1$) anzugeben und ist deshalb immer eine Zahl zwischen
0 und 1. Die Grösse r ist ein Fruchtbarkeitsparameter. Ist r kleiner
als 1 (d.h. zwei Eltern haben weniger als 2 Kinder), stirbt die Population exponentiell aus. Für r oberhalb von 1 kann sich die Po-

pulation auf einem bestimmten Niveau stabilisieren. Oberhalb von
r = 3 beginnt das System jedoch immer längerperiodische Schwingungen auszuführen, um oberhalb r = 3.57 chaotisch zu werden.
Dies bedeutet, dass die Abfolge der jährlichen Populationszahlen,
obwohl mit der obigen deterministischen Formel exakt berechenbar, zufälligen Charakter annimmt (vgl. Abb. 14).

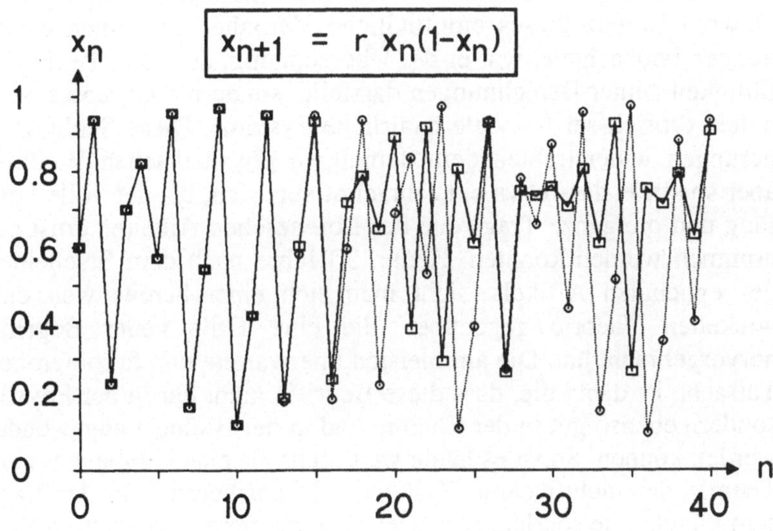

Abb. 14: 40 Iterationen der "Logistischen Abbildung" im chaotischen
Bereich (r = 3.9). Die kleine Abweichung in den Anfangsbedingungen (einmal 0.6 und einmal 0.60001) wächst immer weiter
an und führt nach etwa 15 Iterationsschritten zu völlig verschiedenen Resultaten (sog. "Schmetterlings-Effekt").

Die Übertragung dieses Verhaltens mathematischer Iterationsfor-
meln auf reale physikalische Systeme stiess noch vor 30 Jahren
auf herbe Kritik aus der physikalischen Fachwelt, da es als wider-
natürlich empfunden wurde. Weiter wurde die Ansicht vertreten,
dass sich exakte deterministische Berechenbarkeit und Zufall aus-

schliessen. Der Meteorologe Eduard N. Lorenz hat jedoch bereits 1963 mit Hilfe eines stark vereinfachten Wettermodells und eines für heutige Begriffe recht lahmen Computers demonstrieren können, dass dem nicht so ist. Er hat in seiner Pionierarbeit den Begriff des "Schmetterlings-Effektes" geprägt und wollte damit ausdrücken, dass eine durch einen Schmetterling verursachte Störung in gewissen Fällen ab einem bestimmten zukünftigen Zeitpunkt entscheidend werden kann für den grossräumigen Wetterablauf. Obwohl Lorenz dieses empfindliche Verhalten an seinen Rechnungen beobachtete, war er der Überzeugung, dass dies keine Zufälligkeit seiner Berechnungen darstelle, sondern dass dieses Verhalten typisch sei für viele natürliche Systeme. Diese Schlussfolgerungen widerstrebten dem damaligen physikalischen Weltbild aber so stark, dass etwa ein Jahrzehnt verstrich, bis der volle Umfang und die ganze Tragweite der Lorenzschen Arbeiten ernst genommen werden konnten. Heute, 30 Jahre nach dem Erscheinen des epochalen Artikels, sieht man sich einer bereits weit entwickelten Theorie gegenüber, die eine Fülle neuer Begriffe hervorgebracht hat. Die am meisten unerwartete und faszinierende Tatsache ist dabei die, dass diese Begriffe nicht nur in der Physik, sondern ebenso gut in der Chemie und in der Biologie angewendet werden können. So ist es heute weit mehr als eine Utopie, dass die Theorie der nichtlinearen Systeme ("Chaostheorie") in der Lage sein könnte, die seit langem auseinanderlaufenden Wissenschaften toter Materie (Physik) und lebender Materie (Biologie) wieder zusammenzuführen. Also "Chaos" als gemeinsamer Nenner zwischen Physik und Biologie? Nicht nur, denn eng mit "Chaos" verknüpft ist "Selbstorganisation", die besonders bei lebenden Systemen hervorstechende Eigenschaft der Materie, sich von selbst zu organisieren. Was bedeuten nun diese Ergebnisse übertragen auf unser Klimaproblem? Da das Klimasystem viele nichtlineare Teilprozesse enthält wie beispielsweise die Dynamik von Atmosphäre und Ozeanen, die Ozean-Wasserchemie, die Biosphäre, das Verhalten der Eiskappen an den Polen, ist die Grundvoraussetzung sowohl für chaotisches wie auch für sich selbst organisierendes

Verhalten gegeben. Sollte es sich erweisen, dass sich das Klimasystem in einem "schwach kausalen, chaotischen" Zustand befindet oder dass es durch eine Erwärmung in einen solchen hineingeraten könnte, dann wäre eine Prognose über einen gewissen Zeitraum hinaus unmöglich, wie dies bei der Wettervorhersage zutrifft: Der theoretisch maximale Prognosezeitraum, der auch durch die besten Wetterfrösche, die genialsten Modelle und die schnellsten Computer nicht überschritten werden kann, beträgt etwa 2 Wochen. Befände sich das heutige Klimasystem jedoch in einem relativ stabilen, sich selbst organisierenden Zustand, ergäben sich die zwei hauptsächlichen Fragen nach der minimalen treibhausbedingten "Kraft", die das System aus diesem Zustand hinausschieben würde und nach einem neuen quasistabilen Zustand mit höherer Temperatur, der das System "einfangen" könnte. Weder die eine noch die andere dieser beiden möglichen Verhaltensweisen des Klimasystems wird durch die heutigen Modelle simuliert. Das Klima wird lediglich als passiv und träge den äusseren Einflüssen folgend dargestellt, etwa so wie der Pegelstand eines Sees passiv dem Verhältnis von Zu- und Abflüssen folgt (d.h. die heutigen Modelle simulieren einen Zustand "starker Kausalität", der unempfindlich auf Störungen reagiert). Vieles deutet darauf hin, dass die heutigen Modelle zu einfach sind. Die momentan laufenden Anstrengungen zur Kopplung der atmosphärischen mit den Meeresströmungen werden in naher Zukunft zeigen, ob die Modelle dadurch störungsempfindlicher werden und von der reinen Passivität (starke Kausalität) zur Entwicklung eigenen "Lebens" (schwache Kausalität) erwachen.

Die grosse Wirkung subtiler Eingriffe

Dass die im vorigen Abschnitt geäusserten Befürchtungen nicht aus der Luft gegriffen sind, möchte ich am Beispiel der Eiszeiten illustrieren. Wie bereits im zweiten Kapitel ab Seite 68 erläutert, sind kleine Schwankungen der Erdbahnparameter die Ursache der Eiszeiten mit Temperaturschwankungen um 5 K. Aufgrund der obenerwähnten Passivität der heutigen Klimamodelle sind diese jedoch nicht im entferntesten in der Lage, die Glazialzyklen als Antworten auf die kleinen Intensitätsschwankungen der Nord-Sommersonne wiederzugeben. Ausser kleinen Temperaturschwankungen von einigen Zehntelsgraden würden die Modelle nichts vorhersagen. Dies ist sehr beunruhigend, denn nehmen wir als "Gedankenexperiment" ruhig einmal an, wir wären alle zwei Millionen Jahre früher auf die Welt gekommen, also vor den ersten Eiszeiten, und aus irgendwelchen Gründen würden die anthropogenen Eingriffe nicht den Treibhausgasgehalt, sondern die Erdbahnparameter betreffen. Unsere grossartigen Expertisen würden alle sehr beruhigend ausfallen: einige Zehntelsgrade, sonst gar nichts, würde die einhellige Expertenmeinung lauten — eine Eiszeit würde jedoch niemand voraussagen!

Beispiel eines Modells: Der Kohlenstoff-Kreislauf

Um Stärken und Schwächen von Modellen und auch die grossen Probleme, die bei deren Weiterentwicklung zu überwinden sind, besser verstehen zu können, soll ein Box-Modell zur Beschreibung des Kohlenstoff-Kreislaufes vorgestellt werden. Obwohl es sich dabei um das Modell handelt, auf dessen Basis die heutigen Prognosen für den atmosphärischen CO_2-Gehalt im 21. Jahrhundert berechnet werden, ist es noch genügend einfach, um es im Detail verstehen zu können. Würde ich mich ausschliesslich an Wissenschafter wenden, die im Umgang mit Formeln geübt sind, würde ich an dieser Stelle drei Differentialgleichungen hinschreiben und erläutern. Eine kompakte mathematische Beschreibung des Modelles würde also nicht mehr als drei Zeilen beanspruchen. Weil es sich bei diesen Gleichungen jedoch nicht einfach um ein paar Multiplikationen und Additionen handelt, braucht ein Computer etwa 200 Anweisungen, um sie verarbeiten zu können. Das Umsetzen der mathematischen Zusammenhänge in diese 200 Anweisungen war denn auch die Hauptaufgabe, die ich für den Nachbau des Modells zu erledigen hatte, was nur wenige Tage in

Anspruch nahm. Um wiederum nicht ein unzutreffend banales und einfaches Bild zu entwerfen, möchte ich sogleich warnend anfügen, dass ich damit nur die Spitze eines Eisberges nachvollzogen habe. Die ganze Wahrheit ist nämlich die, dass der weitsichtige Berner Physikprofessor Hans Oeschger sich bereits in den 60er Jahren mit dem Kohlenstoff-Kreislauf beschäftigte und in jahrzehntelanger und mühsamer Forschungsarbeit die numerischen Werte der etwa 8 verschiedenen Modellparameter erarbeitete. Dieses Beispiel zeigt deutlich die riesige Diskrepanz, die zwischen dem Arbeitsaufwand für die formale Erstellung eines Modells (Tage) und für die Erforschung der Parameterwerte (Jahrzehnte) liegen kann. Mit dieser Diskrepanz wird in öffentlichen Diskussionen unter Ausnutzung des Wissensdefizites des Laienpublikums gespielt. So wird häufig durch "Gegenexperten" versucht, mit Hilfe eines eigenen Dreitagemodelles mit wissenschaftlichem Fliegengewicht die Resultate von anerkannten und fundierten Modellen in den Wind zu schlagen. Es klingt eben gut und auf den ersten Blick überzeugend, wenn man "auch ein Modell" zur Verfügung hat und zusammen mit geschickter Rhetorik lässt sich dann der grösste Unsinn als Wissenschaft verkaufen. Nicht der reinen Existenz eines Modells soll also Respekt gezollt werden, sondern der sorgfältigen und gewissenhaften wissenschaftlichen Arbeit, die dahinter steht. Nun aber zu unserem Kohlenstoff-Kreislaufmodell.

Kohlenstoff-Flüsse zwischen vier Kompartimenten

Für die Berechnung des Treibhauseffektes ist in erster Linie die CO_2-Gesamtmasse ausschlaggebend, die sich in der Troposphäre befindet. Weil durch intensive horizontale und vertikale Austauschvorgänge (Wind und Konvektion) jegliche CO_2-Emissionen innerhalb von wenigen Monaten relativ gleichmässig über die gesamte Troposphäre verteilt werden, ist die Charakterisierung des atmosphärischen CO_2-Gehaltes durch eine einzige Zahl auch physikalisch gerechtfertigt. Man spricht deshalb vereinfacht von der

"Atmosphärenbox" (oder vom Kompartiment Atmosphäre), die eine bestimmte Menge CO_2 enthält. Weil der Kohlenstoff (C) das wesentliche Element darstellt und dieser in anderen Boxen nicht in der chemischen Form von CO_2 vorliegt, beschränkt man sich bei allen Mengenangaben auf die Kohlenstoff-Masse. Entsprechend der Atomgewichte beträgt diese 12/44 der Kohlendioxid-Masse. Im vorindustriellen 18. Jahrhundert betrug die atmosphärische C-Masse 610 Milliarden Tonnen, was einem Mischungsverhältnis von 280 ppm entspricht. Betrachten wir diese riesige Zahl ruhig als eine Einheit. Wenn Sie wollen, können Sie dieser Einheit einen Namen geben und sie beispielsweise 1 GACE nennen. GACE bedeutet einfach Gleichgewichts-Atmosphären-Kohlenstoff-Einheit und wenn Sie dies englisch als "Geiss" aussprechen, können Sie schon sehr wissenschaftlich klingende Gespräche führen. So können Sie etwa ausdrücken, dass sich der CO_2-Gehalt in der Atmosphäre in den vergangenen 200 Jahren von 1 GACE auf 1.25 GACE erhöht hat. Diesen Anstieg über die natürliche Gleichgewichtskonzentration hinaus sowie dessen Fortsetzung im 21. Jahrhundert soll das Modell berechnen können. Zu diesem Zweck wird die Atmosphärenbox mit einer Meeresoberflächenbox und einer Biosphärenbox gekoppelt, wie dies in Abbildung 15 wiedergegeben ist. Die Kopplungen werden dadurch bewerkstelligt, dass die C-Flüsse formuliert werden, die zwischen den einzelnen Boxen ausgetauscht werden. Dies ist keine einfache Aufgabe und erfordert ein tieferes Verständnis der physikalisch-chemisch-biologischen Prozesse, die diese Flüsse verursachen. Dies soll beispielhaft am Austausch zwischen der Meeresoberfläche und der Atmosphäre erläutert werden. Die durch Wellen und Konvektionsprozesse gut durchmischte Meeresoberflächenschicht von rund 75 m Mächtigkeit enthielt im Gleichgewichtszustand rund 1.3 GACE Kohlenstoff in der Form von gelöstem Kohlendioxid und etwas Kohlensäure (CO_2 und H_2CO_3, zusammen etwa 0.5%), von Bicarbonationen (HCO_3^-, etwa 87.5%) und von Carbonationen (CO_3^{2-}, etwa 12%). Obwohl im Modell die Ozean-Oberflächenschicht formal als eine homogene Box behandelt

wird, berücksichtigt man bei der Formulierung der Flüsse die real
vorhandenen Temperatur-Inhomogenitäten wie folgt. Die chemischen Umwandlungsprozesse zwischen CO_2, HCO_3^- und CO_3^{2-}
sind temperaturabhängig, d.h. die prozentualen Anteile der verschiedenen Moleküle verschieben sich bei einer Tempera-
turänderung. Die angegebenen Zahlen stimmen deshalb nur für
eine mittlere Meeresoberflächentemperatur von 19.6°C. In einem
um 10 K wärmeren tropischen Meer ist die CO_2-Konzentration
rund 6% grösser. Um das Gleichgewicht zwischen Meer und Atmosphäre zu halten, müsste deshalb die atmosphärische CO_2-
Konzentration über einem solchen warmen Meer ebenfalls 6% höher sein. Weil zufolge der erwähnten atmosphärischen Austauschvorgänge dies nicht zutrifft, besteht ein lokales Ungleichgewicht
zwischen Meer und Atmosphäre, das tropische Meer hat einen
Überschuss an CO_2-Molekülen. Dieses Ungleichgewicht bewirkt
einen Ausgleichsprozess in der Form eines CO_2-Flusses vom
Meer in die Atmosphäre, dessen Grösse von Diffusionsprozessen
an der Meeresoberfläche und in der untersten Atmosphärenschicht
abhängen. Zählt man die entsprechenden Flüsse aus allen warmen
Meeren der Erde zusammen, ergeben sich rund 80 Gt Kohlenstoff,
die jährlich vom Meer in die Atmosphäre fliessen. 80 Gt/y entsprechen 80/610 = 0.13 GACE/y. Wie gross muss also der Austauschparameter α_{MA} sein, der den Fluss vom Meer in die Atmosphäre beschreibt? Gemäss seiner Definition muss er multipliziert
mit dem C-Gehalt der Meeresoberflächenschicht den Fluss ergeben, also $\alpha_{MA} \cdot 1.3$ GACE = 0.13 GACE/y. Daraus folgt
$\alpha_{MA} = 1/10y$ wie dies in Abbildung 15 angegeben ist. Alle Überlegungen lassen sich mit umgekehrtem Vorzeichen auch für kalte
Meere anwenden, die im vorindustriellen Gleichgewicht jährlich
80 Gt C von der Atmosphäre aufgenommen haben. Entsprechend
gilt auch $\alpha_{AM} \cdot 1$ GACE = 0.13 GACE/y oder $\alpha_{AM} = 1/7.7y$. Die
beiden Austauschparameter widerspiegeln also etwas vereinfacht
ausgedrückt die alltägliche Erfahrung, dass erwärmtes
Mineralwasser seine Kohlensäure verliert. Aufgrund der Zunahme
der atmosphärischen CO_2-Konzentration um rund 25% sind die

heutigen Austauschflüsse zwischen Meer und Atmosphäre auch entsprechend grösser und betragen rund 100 Gt/y. Gegenüber diesen enormen Flüssen nimmt sich der anthropogene Beitrag von gegen 8 Gt/y eher bescheiden aus. Dieser Vergleich zeigt zwei

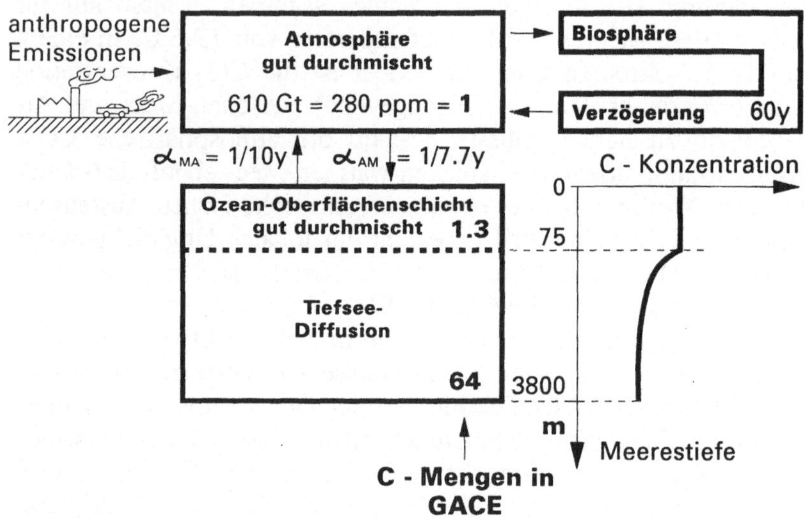

Abb. 15: Aus vier Boxen (Kompartimenten) bestehendes Modell des globalen Kohlenstoffkreislaufes. Erläuterungen im Text.

Dinge. Erstens wird klar, dass auch ein relativ kleiner anthropogener Beitrag wesentliche Verschiebungen natürlicher Gleichgewichte bewirken kann. Dann nämlich, wenn die grossen natürlichen Flüsse einen Kreislauf bilden, was einem vollständigen Recycling entspricht, währenddem die viel kleineren anthropogenen Flüsse dem Denken "Rohstoff-Nutzen-Abfall" entspringen und deshalb keinen geschlossenen Kreis bilden. Zweitens erkennt man durch die Analyse der riesigen natürlichen Flüsse die enorme Bedeutung, die den sie steuernden Prozessen zukommt. Kleinste Veränderungen bei diesen Prozessen könnten Schwan-

96

kungen der natürlichen Flüsse auslösen, die in der Grössenordnung des anthropogenen Beitrages liegen. Man denke beispielsweise an kleine Verlagerungen der Niederschlagszonen (Süsswasser), die die lokale Salzkonzentration im Meer (Salinität) mitbestimmen, die wiederum Ursache für Meeresströmungen ist. Letztere sind aber das Transportmedium für die CO_2-Moleküle und somit wesentlich am Austauschprozess zwischen Meer und Atmosphäre beteiligt. Zusätzlich spielt sich in der an diesem Austausch beteiligten Meeresoberflächenschicht der allergrösste Teil des marinen Lebens ab, wobei den mikroskopisch kleinen pflanzlichen und tierischen Lebewesen (Plankton) die Hauptrolle zufällt. Diese könnten möglicherweise wesentlich in den Kohlenstoff-Kreislauf eingreifen und auch einen Zusammenhang zwischen Meeresverschmutzung und Klimaveränderungen herstellen, indem sie auf ihre chemische Umgebung empfindlich reagieren. Alle diese potentiell wichtigen Teilprozesse sind in den beiden Austauschparametern α_{MA} und α_{AM} summarisch enthalten und bestimmen deren Grössen. Bei der Berechnung von Prognosen des atmosphärischen CO_2-Gehaltes bis zum Ende des 21. Jahrhunderts wird nun einfach angenommen, dass die beiden Parameter konstant bleiben. Dies ist jedoch nur dann der Fall, wenn die sie bestimmenden Teilprozesse sich ebenfalls nicht verändern, was in Anbetracht der grossen zu erwartenden Klimaveränderungen als höchst fraglich erscheint. Dieses Beispiel illustriert die bereits früher erwähnte Passivität der heutigen Modelle, die eigentlich nur kleine Variationen um den heutigen Klimazustand richtig vorhersagen. Das empfindliche "Eigenleben" des Globalklimas jedoch wird noch kaum mitberücksichtigt. Diese Eigendynamik könnte insbesondere eine Art Pufferwirkung ausüben und das heutige Klima gegenüber Veränderungen schützen. Eine Abwägung der tatsächlich vorhandenen stabilisierenden Faktoren gegenüber den destabilisierenden führt aber nach heutiger Sicht zum Schluss, dass letztere überwiegen. Dies bedeutet, dass sich die erwähnten Austauschparameter über längere Zeitspannen hinweg eher in die Richtung verändern dürften, die eine Verstärkung des Treibhauseffektes zur

Folge hat. Ich werde auf ein Beispiel von derartigen Rückkoppelungen zurückkommen.

Die in Abbildung 15 wiedergegebene Meeres-Box enthält neben der Ozeanoberflächenschicht noch eine zweite, viel grössere Box, nämlich die im Mittel 3725 m mächtige Tiefsee, die total 64 GACE Kohlenstoff enthält. Da vertikale Austauschprozesse in der meist stabil geschichteten Tiefsee sehr langsam ablaufen, wurde die Wirkung dieser Box auf die darüberliegende Mischungsschicht mittels eines Diffusionsvorganges modelliert. Dies bedeutet, dass sich eine Erhöhung der C-Konzentration in der Mischungsschicht langsam nach immer tieferen Meeresschichten hin auswirkt, ganz analog zur langsamen Erwärmung immer tieferer Erdschichten im Laufe eines Sommers. Dieser Prozess wird durch einen einzigen Parameter, den Diffusionskoeffizienten D, gesteuert, der gleichzeitig die Konzentrationsverteilung in der Tiefsee wie auch den Fluss in die Tiefsee bestimmt. In Abbildung 15 ist der sich ergebende typische Verlauf der Konzentrationsabnahme mit zunehmender Tiefe dargestellt. Wiederum fasst der erwähnte Diffusionskoeffizient viele verschiedene Austauschprozesse zusammen und führt zu einem heutigen Fluss von jährlich ca. 2.3 Gt Kohlenstoff in die Tiefsee. Die Grösse des Diffusionskoeffizienten wurde unter anderem mit Hilfe der Geschwindigkeit des Vordringens radioaktiver Substanzen in die Tiefsee bestimmt, die aus den in der Atmosphäre durchgeführten Atomtests der 50er und 60er Jahre stammen. Wie die Austauschparameter wird bei Prognoserechnungen auch der Diffusionskoeffizient als konstante Grösse betrachtet, obwohl dies kaum zutreffen dürfte. Insbesondere dürfte er sich bei einer Erwärmung des Oberflächenwassers verkleinern, weil sich dadurch die Stabilität der Schichtung erhöht. Dies würde eine Reduktion des Abtransportes von Kohlenstoff in die Tiefsee und daher eine Anreicherung in der Oberflächenschicht und schliesslich in der Atmosphäre ergeben und so den Treibhauseffekt verstärken (Rückkoppelung).

Die Landbiosphären-Box wirkt als reines Verzögerungselement. Man nimmt an, dass ihre Gesamtmasse an Kohlenstoff von etwa 0.75 GACE bei einer CO_2-Zunahme in der Atmosphäre schnell zunimmt, weil dadurch die Photosynthese gefördert wird. Im Mittel vergehen dann etwa 60 Jahre, bis sich diese Massenvergrösserung nach dem Absterben der Pflanzen als vergrösserte C-Quelle (Fäulnisprozesse) für die Atmosphäre erweist. Diese Biosphärenbox ist also nur dann von Bedeutung, wenn die globale Biomasse sich verändert. Da eine Prognose selbst nur der Richtung der Veränderung über das kommende Jahrhundert hinweg äusserst schwierig ist (überwiegt der Zuwachs aufgrund des CO_2-Anstieges oder die Dezimierung aufgrund der Brandrodungen der Regenwälder?), wurde die Biosphärenbox bei Extrapolationsrechnungen einfach "abgeschaltet". Alle auf die Zukunft bezogenen Ergebnisse stammen also von einem 3-Box-Modell.

Test des Modells anhand der CO_2-Geschichte

Um den im Modell verwendeten Parametersatz zu überprüfen, bietet sich als einzige Möglichkeit die CO_2-Geschichte der vergangenen etwa 250 Jahre an. Innerhalb dieser Zeit stieg der atmosphärische CO_2-Gehalt um rund 25% über das vorher während rund 6000 Jahren andauernde Gleichgewichtsniveau hinaus an. Die minimale Anforderung, die an unser Modell gestellt werden muss, ist deshalb die korrekte Wiedergabe dieses Anstiegs. Als wichtigste Eingabegrösse verlangt das Modell die anthropogenen CO_2-Emissionen über die genannte Zeitspanne. Die Erarbeitung dieses Datensatzes ist nicht ganz unproblematisch, weil besonders für die Kohlezeit vor etwa 1950 keine verlässlichen Daten über den globalen Kohleabbau vorliegen. Aber auch bei der Ermittlung der heutigen Emissionen kommt man um Schätzungen teilweise nicht herum. Grosse Unsicherheiten bestehen bei den durch die Brandrodungen verursachten Emissionen, die heute vermutlich etwa einen Viertel der Gesamtemissionen ausmachen. Um diese Unsicherheiten zu umgehen, hat man umgekehrt auch versucht,

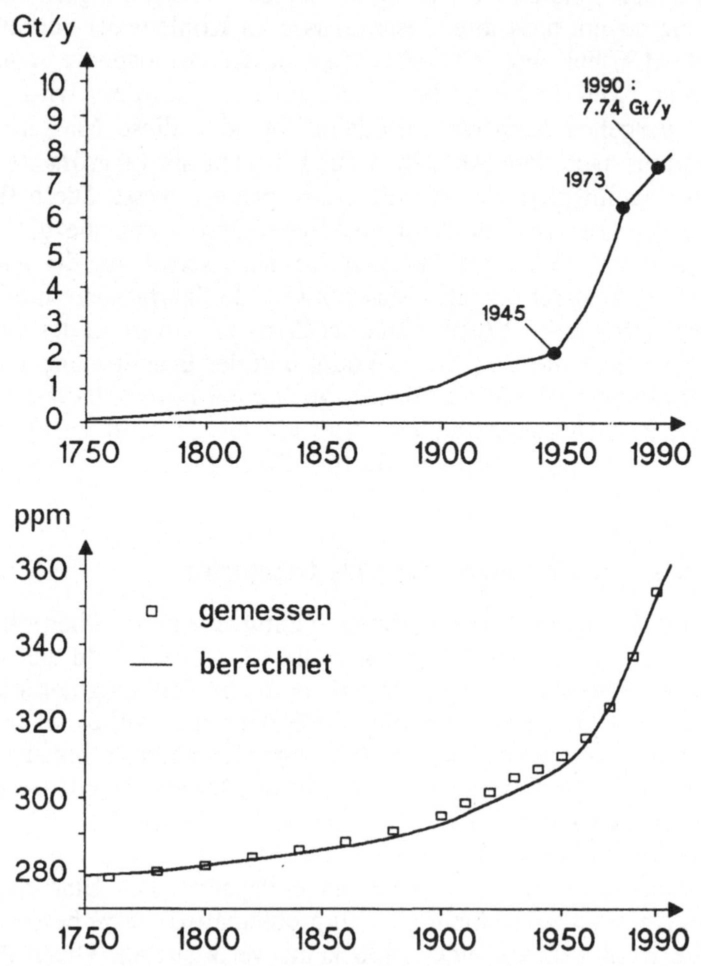

Abb. 16: Anthropogene CO_2-Emissionen in Milliarden Tonnen Kohlenstoff pro Jahr (Gt/y) inklusive die Brandrodung tropischer Regenwälder seit 1750 (oben). Berechnete und gemessene atmosphärische CO_2-Konzentrationen in parts per million (ppm) seit 1750 (unten).

100

mit Hilfe des Modelles zu berechnen, welche CO_2-Emissionen den exakten gemessenen Verlauf erzeugen würden. Dieses Verfahren dürfte aber strenggenommen nur dann angewendet werden, wenn das Modell bereits anderweitig getestet worden wäre und als genügend sicher eingestuft werden könnte. Nun gibt es aber weder einen anderen Test für das Modell noch sind die Emissionen über jeden Zweifel erhaben. Deshalb hat man versucht, in einem iterativen Kreisprozess die Kenntnisse der Emissionen sowie der Modellparameter in bestmögliche Übereinstimmung zu bringen. Das Resultat dieser Bemühungen ist in Abbildung 16 dargestellt. Sowohl die Emissionskurve wie auch die Konzentrationskurve liegen genügend nahe bei den mit einer gewissen Unsicherheit behafteten Messwerten. Aus Abbildung 16 nicht ersichtlich, aber aus wissenschaftlicher Sicht von hoher Bedeutung, ist die Tatsache, dass die gezeigte Übereinstimmung mit Parameterwerten erzielt werden konnte, die aufgrund ganz anderer Überlegungen und Beobachtungen festgelegt wurden. Damit soll angedeutet werden, dass man mit "wildem Herumspielen" mit den Parametern fast jede gewünschte Übereinstimmung erzielen könnte. Würde diese aber beispielsweise dadurch erreicht, indem dem Modell nur die Hälfte der realen Meeresoberfläche eingegeben würde, wäre das perfekt aussehende Resultat nicht viel Wert. Der Beweis, dass ein bestimmtes Modell sinnvoll ist, kann also nicht auf die Demonstration der Übereinstimmung mit einer beobachteten Zeitreihe reduziert werden, sondern erfordert einen tiefen Einblick ins Modell sowie die dadurch simulierten geophysikalischen Prozesse. An dieser Stelle rückt deshalb ganz klar die Ethik des Wissenschafters in den Vordergrund, die allein die Liebe zur Wahrheit und keinesfalls die Geltungssucht einer Person unterstützt. Es ist einfach und wirkungsvoll, auf der Basis vermeintlicher Ungereimtheiten über "die Wahrheit des Treibhauseffektes — die Akten einer planetaren Manipulation" zu schreiben, ohne sich mit der Fülle und Komplexität wissenschaftlicher Erkenntnisse zu belasten.

Resultate für vier Szenarien

Da die zukünftigen CO_2-Emissionen ganz wesentlich von unkalkulierbaren psychologischen Momenten wie Prestige, Macht und die Auffassungen von Wohlstand und Fortschritt gesteuert werden, kann nie von einer einzelnen Prognose, sondern immer nur von möglichen Szenarien gesprochen werden. In Abbildung 17 sind die Ergebnisse von vier solchen Szenarien teilweise mit Untervarianten wiedergegeben. In der Richtung von A nach D steigt der Grad der Wünschbarkeit ebenso wie der technisch-ökonomische Aufwand. Das extremste und an Wahnsinn grenzende Szenario A1 ist die unveränderte Fortschreibung der Entwicklung der vergangenen 20 Jahre seit der Ölkrise 1973, die gegenüber der Nachkriegsentwicklung zwischen 1945 und 1973 bereits auf gut die Hälfte gedrosselt worden war (nach 1945 betrug der Anstieg rund 4.6%/y, nach 1973 jedoch "nur" noch 1.5%/y mit ansteigender Tendenz, ab 1987 rund 2%/y, vgl. Abbildung 16). Die Rechnung zeigt klar und deutlich, dass so innerhalb weniger Jahrzehnte der atmosphärische CO_2-Gehalt über jedes akzeptierbare Niveau hinaus anwachsen würde. In wissenschaftlichen Kreisen kann man sich CO_2-Konzentrationen über 1000 ppm (viermal das vorindustrielle Gleichgewichtsniveau) schlecht vorstellen, weil man annehmen muss, dass die Auswirkungen auf das globale Klima derart katastrophal sein würden, dass die anthropogenen Emissionen durch die Natur schon vorher auf unzimperliche Art und Weise (z.B. durch Hungersnöte, Seuchen, Naturkatastrophen) eingedämmt würden. Es kann und wird so nicht mehr lange weitergehen! Wie wenig halbherzige Massnahmen bringen, zeigt das Szenario A2, das den Zuwachs gegenüber heute als auf die Hälfte reduziert annimmt. Ausser einer zeitlichen Verzögerung um 1-2 Jahrzehnte würde sich zunächst nichts ändern. Der minimalste Schritt für eine relevante Entschärfung des Problems wäre ein Einfrieren aller Emissionen auf den Stand von 1990. Der atmosphärische CO_2-Gehalt würde so "nur" noch linear und nicht mehr exponentiell ansteigen und das Problem würde mehr oder weniger ins 22. Jahrhundert verschoben. Die sinnvollerweise anzu-

102

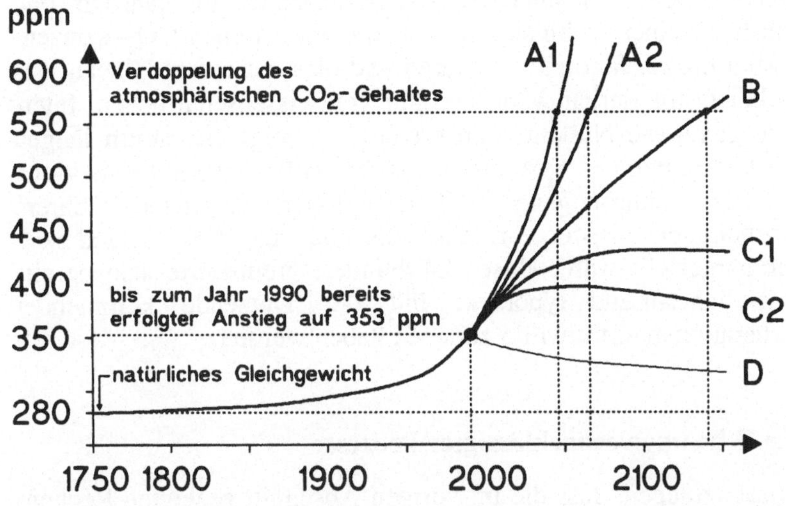

Abb. 17: Vier Szenarien, teilweise mit Untervarianten für die globalen
CO_2-Emissionen nach 1990:

A1 = Zunahme der Emissionen um 2% pro Jahr
(etwa wie in den vergangenen 20 Jahren)

A2 = Zunahme der Emissionen um 1% pro Jahr
(Sparanstrengungen nötig)

B = Einfrieren der Emissionen auf den Stand von 1990
(kein Wachstum, grosse Sparanstrengungen)

C1 = Abnahme der Emissionen um 1% pro Jahr
(sehr grosse Einsparungen)

C2 = Abnahme der Emissionen um 2% pro Jahr
(enorme aber ökonomisch noch realisierbare
Einsparungen)

D = Stopp aller Emissionen
(unrealistisch, nur von wissenschaftlichem Interesse)

strebenden Varianten sind unter C zusammengefasst und betreffen
Szenarien mit abnehmenden Emissionen, von denen wir heute lei-

der sehr weit entfernt sind. Die Variante C1 beispielsweise (exponentielle Abnahme der CO_2-Emissionen um jährlich 1%) würde zu einer Stabilisierung der atmosphärischen CO_2-Konzentration im 22. Jahrhundert führen und dies auf einem Niveau, das vielleicht tolerierbar wäre. Das nur von wissenschaftlichem Interesse getragene Nullemissionsszenario D zeigt die enorm langen Zeitkonstanten des Systems. Selbst bei vollständiger Vermeidung jeglicher anthropogener CO_2-Emissionen vergingen mehrere Jahrhunderte, bis der vorindustrielle Gleichgewichtszustand wieder hergestellt wäre. Unser Jahrhundert produzierte also bereits eine Jahrtausend-Hypothek, mit der Dutzende kommender Generationen unfreiwillig zu leben haben werden.

Die Wirkung vernachlässigter Prozesse

Um darzulegen, dass die im vorigen Abschnitt gezeigten Rechenresultate eher optimistisch als pessimistisch zu werten sind, sollen einige heute in Ansätzen bekannte Prozesse erwähnt werden, die im vorgestellten Modell noch nicht enthalten sind. Es ist sehr genau bekannt, wie sich die chemischen Reaktionskonstanten, die den Kohlenstoffgehalt der Meeresoberflächenschicht steuern, mit zunehmender Temperatur verändern. Wie bereits dargestellt, geschieht dies in der Richtung abnehmenden Gehaltes (erwärmtes Mineralwasser verliert Kohlensäure), so dass also notwendigerweise mehr CO_2 in der Atmosphäre verbleiben muss. Peter Höllrigl, ein Umweltnaturwissenschafts-Student der Universität Zürich hat kürzlich unter meiner Leitung eine Diplomarbeit zu diesem Thema durchgeführt und dabei zeigen können, dass dieser Effekt zu einer Zunahme der atmosphärischen CO_2-Konzentration um rund 20 ppm bei einem totalen Gehalt von 700 ppm führt. In voller Übereinstimmung mit einer entsprechenden Bemerkung im IPCC-Bericht ist dies nicht wesentlich und darf deshalb vernachlässigt werden. Der Diplomand ging nun aber einen Schritt weiter und berücksichtigte auch den Sättigungseffekt des Meerwassers mit Kohlenstoff, indem er das chemische Modell an das CO_2-

Kreislaufmodell ankoppelte. Dadurch wurde erreicht, dass der Chemieparameter (der sogenannte Buffer-Parameter) mit zunehmendem Kohlenstoffgehalt fortlaufend neu bestimmt wurde und deshalb seinen Wert langsam vergrösserte. Die oben dargestellten Ergebnisse, die mit den IPCC-Prognosen übereinstimmen, wurden jedoch mit konstant gehaltenem Chemieparameter berechnet. Dieser Rückkoppelungseffekt vergrösserte nun die CO_2-Konzentration in der Atmosphäre zu einem bestimmten Zeitpunkt von 700 auf rund 800 ppm und ist deshalb keinesfalls vernachlässigbar klein. Der zugrundeliegende Mechanismus ist leicht verständlich, indem er lediglich darin besteht, dass der Ozean umso weniger gerne bereit ist, mehr CO_2 aufzunehmen, je mehr er bereits enthält. Es muss also wiederum mehr CO_2 in der Atmosphäre verbleiben. Nicht im Modell enthalten ist auch die mögliche Stabilisierung der Temperaturschichtung der Meere infolge zunehmender Atmosphären- und damit der Meeresoberflächentemperatur. So könnte die Tiefenwasserproduktion im Nordatlantik abnehmen. Heute sinken dort pro Sekunde rund 42 Millionen Tonnen Oberflächenwasser in die Tiefsee ab und nehmen einen Teil der Wärme und des Kohlenstoffes dorthin mit. Durch Veränderungen von Niederschlags- und Temperaturverhältnissen ist zu befürchten, dass diese enorme "Pumpe" gedrosselt oder sogar abgestellt werden könnte. Dies würde eine weitere Zunahme des Kohlenstoffgehaltes in der Meeresoberflächenschicht und in der Atmosphäre zur Folge haben (Rückkoppelungseffekt). Welche Auswirkungen sonstige Konvektionsprozesse im Meer auch im Zusammenhang mit der Meeresbiosphäre (Plankton) auf den C-Kreislauf ausüben und wie sich diese bei einer globalen Erwärmung verändern, ist eine Frage, die von heutigen Modellen noch nicht berührt wird. Die mögliche Bedeutung von Meeresplankton für den C-Kreislauf ergibt sich daraus, dass dieses heute rund zwei Drittel der Photosynthesearbeit der gesamten Pflanzenwelt leistet. Wie ausserordentlich komplex dessen Rolle jedoch sein kann, ergibt sich aus dem Umstand, dass die Nährstoffzufuhr meist als limitierender Faktor wirkt. Diese hängt von horizontalen sowie vertikalen Austauschvorgängen ab, die ihrerseits von atmosphärischen Prozessen wie Winden, Druck und Niederschlagsverteilung beeinflusst werden. Dazu kommt noch das unberechenbare Innovationspotential von Kleinstlebewesen aufgrund genetischer Veränderungen durch Mutationen, das sich wegen der raschen Populationsdynamik in kurzer Zeit auf grosse Gebiete auswirken kann. Verlässliche Prognosen erscheinen deshalb in Bezug auf die Biosphäre kaum möglich. Was sich aber als machbar erweisen könnte, ist ein Abstecken der Grenzen, innerhalb derer die biologische Aktivität den atmosphärischen CO_2-Gehalt nach unten oder nach oben beeinflussen könnte.

IV Ein Blick in unsere unmittelbare Zukunft

Zur Vorbereitung der im Jahre 1990 in Genf durchgeführten Weltklimakonferenz sollte der aktuelle Wissensstand dargestellt werden. Die mit dieser Aufgabe betraute "Intergovernmentale Expertenkommission über Klimaveränderungen" (englisch "Intergovernmental Panel on Climate Change", IPCC) hat zu diesem Zweck in drei Arbeitsgruppen termingerecht Berichte verfasst zu den Themen "wissenschaftliche Grundlagen", "mögliche Auswirkungen" und "Gegenmassnahmen". Der in unserem Zusammenhang in erster Linie wichtige Bericht der Arbeitsgruppe I über die wissenschaftlichen Grundlagen [3] umfasst 360 Seiten und wurde durch Mithilfe von 170 Wissenschaftern aus 25 Ländern erarbeitet. Dazu haben 200 weitere Wissenschafter den Entwurf des Berichtes studiert und Verbesserungsvorschläge eingereicht, so dass dieser Statusreport zu Recht den Anspruch erheben darf, ein repräsentatives Spiegelbild des damaligen wissenschaftlichen Erkenntnisstandes zu sein. Ein wesentlicher Beitrag des Kapitels I über Treibhausgase und Aerosole wurde beispielsweise durch die beiden Schweizer Wissenschafter H. Oeschger und U. Siegenthaler der Universität Bern geleistet, und für das Kapitel 3 über Prozesse und Modelle war der deutsche Wissenschafter U. Cubasch des Max Planck Institutes Hamburg einer der führenden Autoren.

Dass der IPCC-Bericht eher eine wichtige wissenschaftliche Zwischenbilanz als ein für alle Zeiten gültiges und abschliessendes Werk darstellt, wird anhand des ersten Ergänzungsberichtes [4] vom Februar 1992 klar. Es ist allerdings festzuhalten, dass sich die darin enthaltenen Korrekturen auf einzelne Zahlenwerte oder Prozesse beziehen und sowohl am grundsätzlichen wissenschaftlichen Verständnis des Treibhauseffektes wie auch an den wichtigen Schlussfolgerungen nichts ändern.

Eindeutige globale Prognosen

Wer kennt nicht das majestätische Bild von der über dem Mond-
horizont aufgehenden Erde? Von diesem Standpunkt aus betrachtet, verwischen sich die unwesentlichen Details und geben den
Blick frei für die wirklich wichtigen Zusammenhänge. Versuchen
wir also, die Gedanken des alten "Mannes im Mond" über den
wunderschönen blauen Planeten zu formulieren. Dieser würde die
Situation vielleicht so sehen: "Die Menschen sind übermütig geworden. Mit Hilfe ihrer Technik sind sie daran, einen Prozess der
vergangenen 500 Millionen Jahre in wenigen Jahrhunderten rück-
gängig zu machen. Sie verbrauchen die Erdöl- und Kohlevorräte
rund zweimillionenmal schneller, als diese entstehen, und leben so
grenzenlos über ihre Verhältnisse auf Kredit der Natur. Sie wissen
zwar, dass ihre diesbezügliche Aktivität einem globalen Klimaexperiment mit weitgehend ungewissem Ausgang gleichkommt, sie
wissen zwar, dass die Temperaturen alles in den vergangenen
zwei Millionen Jahren Dagewesene übersteigen werden, sie wissen auch, dass ihre Lebensgrundlagen sowie ihre ökonomische
Basis stark vom Klima abhängen, aber trotzdem wurden bis heute
nur halbherzige und unwirksame Massnahmen getroffen. Die
Menschen wissen ausserdem, dass ihre derzeitige Netto-Vermeh-
rung um 100 Millionen pro Jahr in Anbetracht der angerichteten
Umweltschäden aber auch in Anbetracht der damit vorprogram-
mierten menschlichen Tragödie unvorstellbaren Ausmasses über
alle Grenzen unverantwortlich ist. Niemand weiss nämlich, wie
eine derart rasch anwachsende Weltbevölkerung mit Nahrungs-
mitteln und einer lebenswerten Umwelt versorgt werden kann,
wenn gleichzeitig die Regenwälder vernichtet werden, die frucht-
baren Böden erodieren und versteppen oder sich langsam, aber
kontinuierlich mit Schadstoffen anreichern, die Meere und Seen
verschmutzt werden und sich die Klimazonen in kurzer Zeit über
verschiedenste Landesgrenzen hinweg verschieben."

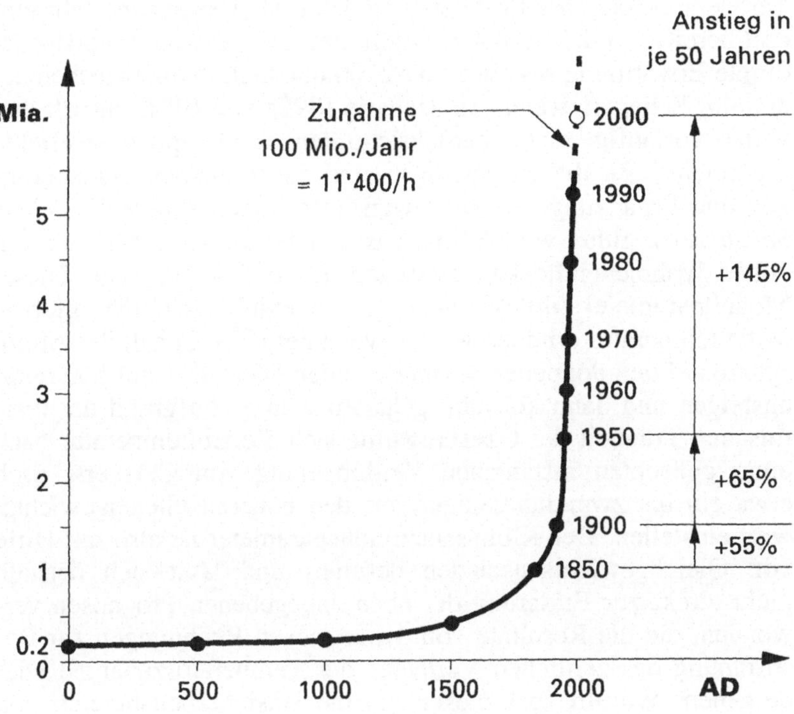

Abb. 18: Die seit Jahrhunderten überexponentielle Zunahme der Menschheit führt zu einer Übervölkerung des Planeten mit kaum vorstellbaren Konsequenzen.

Zunahme der globalen Mitteltemperatur

Auch die neuesten IPCC-Prognosen des Jahres 1992 [4] bestehen in einer annähernd gleichmässigen (linearen) Zunahme des globalen Temperaturmittels, das am Ende des 21. Jahrhunderts um 1.8 bis 4.2 K über dem Mittelwert von 1990 liegen wird. Hierbei muss noch berücksichtigt werden, dass sich die atmosphärische Temperatur nahe der Erdoberfläche über das vergangene Jahrhundert bereits um 0.3 bis 0.6 K erhöht hat. Die gesamte treibhausbedingte Erwärmung bis zum Jahr 2100 dürfte deshalb zwischen 2.1 und 4.8 K liegen, wenn das Szenario IS92a von IPCC zutrifft und keine vorläufig nicht berücksichtigten Rückkoppelungseffekte dominieren. Zu diesen Aussagen sind die folgenden Präzisierungen und Ergänzungen anzubringen. Der zurzeit grosse *Unsicherheitsbereich* rührt vom Klimasensitivitätsparameter her, der mit hoher Wahrscheinlichkeit zwischen 1.5 und 4.5 K liegt. Dieser Modellparameter drückt aus, um wieviel sich die globale Mitteltemperatur erhöhen würde, wenn der CO_2-Gehalt der Atmosphäre auf den doppelten vorindustriellen Wert (d.h. auf 560 ppm) ansteigen und dann konstant gehalten würde. Aufgrund der thermischen Trägheit der Ozeane würde sich die Erdtemperatur nach einer gedachten instantanen Verdoppelung von CO_2 erst nach etwa ein bis zwei Jahrzehnten auf den höheren Gleichgewichtswert einstellen. Der Klimasensitivitätsparameter ist also mit Hilfe von Gleichgewichtszuständen definiert und lässt sich deshalb nicht direkt zur Erklärung der oben angegebenen Prognosen verwenden, die die Resultate von dynamischen Rechnungen zur Bestimmung des zeitlichen Verlaufes der Temperaturzunahme wiedergeben. Warum aber dieser enorme Unsicherheitsbereich von 1.5 bis 4.5 K ? Er ist im wesentlichen das Resultat unserer weitgehenden Unkenntnis über das Verhalten der Wolken bei einer globalen Erwärmung. Da die Verdampfungsraten aus den Weltmeeren bei höherer Temperatur grösser sein werden, müssen wichtige Veränderungen im Wasserkreislauf erwartet werden. Es wäre denkbar, dass sich dabei vermehrt tiefliegende, kompakte, schneeweisse Quellwolken bilden, die einen Teil der Sonnenstrahlung reflektieren. Solche Wolken hätten eine negative, dämpfende Rückwirkung auf den sie erzeugenden Treibhauseffekt, weshalb man von einer Gegenkoppelung sprechen würde. Es wäre aber ebensogut möglich, dass beispielsweise durch eine verstärkte Bildung hochreichender Gewitterwolken (Cumulonimbus

110

mit "Amboss"), die wie riesige atmosphärische Pumpen wirken, vermehrt Wasserdampf in die höhere Troposphäre transportiert würde. Ein solcher Prozess würde die Bildung hochliegender, schleierartiger, fast durchsichtiger Wolken fördern, die für Wärmestrahlung aber immer noch "schwarz" und undurchsichtig sind und deshalb den Treibhauseffekt verstärken. Dieser Prozess würde einer Rückkoppelung entsprechen. Es ist wohl möglich, den Grad von Rück- oder Gegenkoppelung für die einzelnen Wolkentypen mit Hilfe von Messungen und Modellrechnungen zu bestimmen. Die Schwierigkeit liegt jedoch darin, die Bedeckungsgrade des Himmels für die einzelnen Wolkentypen zu berechnen. Aus den Gründen, die bereits im III. Kapitel erläutert wurden, muss die Wolkenbildung parametrisiert werden. Dies heisst aber, dass die Information über das Verhalten der Wolken bei einer Klimaveränderung nicht aus den Klimamodellen herauszuholen ist, sondern ganz im Gegenteil in diese (via eine geeignete Parametrisierung) hineingesteckt werden muss. Diese Arbeit wird nicht in kurzer Zeit und nicht ohne einen gewaltigen wissenschaftlichen Aufwand erledigt werden können. Die Unsicherheit des Klimasensitivitätsparameters wird sich deshalb nur langsam verringern lassen.

Das erwähnte *Szenario* IS92a ist charakterisiert durch einen intensiven Kohleabbau, bescheidene Sparmaßnahmen, den Abbrand der meisten tropischen Regenwälder, uneingeschränkte und deshalb zunehmende landwirtschaftliche Methan- und Lachgasemissionen, bescheidene Anteile von Sonnen- und Kernenergie sowie Biomasse zur Energieerzeugung und einen weltweiten Verzicht auf treibhausrelevante CFC (auch durch Nicht-Signatarstaaten des Montreal-Protokolls) bis zum Jahre 2075. In bezug auf Kohlendioxidemissionen entspricht das Szenario etwa der +1%/y Variante A2 in Abbildung 17. Mit einem jährlichen Wachstum des Bruttosozialproduktes um 2-3% könnte dieses Szenario als "Weiterwursteln" wie bisher mit gewissensberuhigenden, halbherzigen Alibimassnahmen bezeichnet werden und ist deshalb in Anbetracht gängigen menschlichen Verhaltens als sehr ernstzunehmend einzustufen. Es ist auch keineswegs ein extremes Szenario, indem es ein "Nachziehen" der Entwicklungsländer kaum berücksichtigt. Weiter wurde ein eher moderates Anwachsen der Weltbevölkerung auf 11.3 Milliarden im Jahre 2100 zugrundegelegt. Eine lineare Extrapolation der heutigen Vermehrung würde rund 16 Milliarden und eine exponentielle gar über 40 Milliarden ergeben. Es ist jedoch eine unbestreitbare Tatsache, dass das Wachstum seit Jahrhunderten überexponentiell verlief, was daran erkennbar ist, dass die Verdoppelungszeiten der Weltbevölkerung dauernd abnahmen (eine erste Verdoppelung zwischen 1500 und 1800, eine zweite zwischen 1800 und 1900, eine dritte zwischen 1900 und 1965 und eine vierte vermutlich bis zum Jahr 2000 auf 6.4 Milliarden). Man nimmt also ohne dies auszusprechen an, dass punkto Bevölkerungsdynamik etwas Drastisches, noch nie Dagewesenes passiert. Um zuerst vom überexponentiellen und dann auch vom exponentiellen Wachstum wegzukommen, gibt es nämlich nur zwei grundsätzliche Varianten: Entweder geschieht dies willentlich via Familienplanung oder es müssen rund 100 Millionen Menschen pro Jahr verhungern oder an Seuchen sterben.

Zu den *Rückkoppelungseffekten* und dem prognostizierten annähernd *linearen Verlauf* der globalen Temperaturzunahme ist ebenfalls eine wichtige Bemerkung anzufügen. Neben den Wolken, deren ungewisses Verhalten sich im erwähnten Unsicherheitsintervall spiegelt, gibt es noch viele andere Rück- und Gegenkoppelungen, über deren Stärken wenig bekannt ist. Ein sehr wichtiger und kritischer Prozess dürfte in diesem Zusammenhang die Tiefenwasserproduktion sein, auf die bei der Betrachtung des Kohlenstoffkreislaufes bereits eingegangen wurde. Dieses durch kleinste Dichteunterschiede (aufgrund unterschiedlichen Salzgehaltes sowie unterschiedlicher Temperaturen) hervorgerufene Absinken von Oberflächenwasser im nördlichen Atlantik transportiert etwa einen Drittel der treibhausbedingten Überschusswärme in die Tiefsee ab. Natürlich kommt durch Aufquellen von Tiefenwasser, wie beispielsweise im Nordpazifik, gleichviel Tiefenwasser wieder an die Oberfläche. Eine einfache Umrechnung zeigt, dass die im Nordatlantik pro Sekunde absinkenden 42 Millionen

m^3 Wasser einer 3.2 m dicken weltweiten Ozeanoberflächenschicht entsprechen, die jährlich absinkt. Mit einer mittleren
Ozeantiefe von 3800 m erhält man als Zeitkonstante für die vertikale Durchmischung der gesamten Ozeane 3800/3.2 ≈ 1190 Jahre,
also rund ein Jahrtausend. Einfach gesagt, verschwindet vorerst
also rund ein Drittel des anthropogenen Treibhauseffektes für ein
Jahrtausend in der Tiefsee. Würde dieses globale vom Nordatlantik um Südafrika herum bis zum Nordpazifik reichende
"Förderband" aufgrund von Veränderungen der Meeresströmungen jedoch seinen Betrieb einstellen, würden die zu erwartenden
Temperaturzunahmen um 50% höher ausfallen. Anstelle von rund
2-4 K könnten die Temperaturen um 2100 also leicht 3-6 K über
den 1990er Werten liegen. Es ist anzunehmen, dass eine Anzahl
kleinerer Rück- und Gegenkoppelungseffekte einander gerade
etwa aufheben. Wichtiger als die entsprechenden Korrekturen der
Temperaturprognosen nach unten und oben, die in den kommenden Jahren zu erwarten sind, ist jedoch die Tatsache einzustufen,
dass die den heutigen Prognosen zugrundegelegten Klimamodelle
passiv sind und deshalb nichts anderes als einen annähernd linearen Verlauf der Temperaturzunahme vorhersagen können.
Mögliche abrupte Übergänge in andere, innerhalb der vergangenen 2 Millionen Jahre nie realisierte Klimazustände, können durch
die benutzten Modelle prinzipiell nicht berechnet werden. So sind
sie beispielsweise auch nicht in der Lage, die letzte Eiszeit zu simulieren. Die heute zur Verfügung stehenden Modelle liefern eher
Beschreibungen des aktuellen Klimazustandes und dessen Reaktion auf kleine Störungen. Sie begreifen ihn jedoch nicht als Resultat eines nichtlinearen Selbstorganisationsprozesses mit zirkulärer Kausalität, der empfindlich auf Störungen reagieren könnte,
sobald kritische Werte überschritten werden. Die heutigen Modelle kennen keine kritischen Werte und nicht genügend Kreisprozesse und können deshalb weder sprunghafte Veränderungen noch
grosse Schwingungen oder sonstige komplexe Verhaltensweisen
simulieren, die das reale Klima der vergangenen 150'000 Jahre
gezeigt hat. Wir müssen uns auf Überraschungen gefasst machen!

Erhöhung des Meeresspiegels

Ein vollständiges Abschmelzen der polaren Eiskappen hätte einen Anstieg des Weltmeeresspiegels von rund 60 m zur Folge, würde also im wahrsten Sinne des Wortes eine Sintflut darstellen. Der für einen solchen Vorgang typische Zeitbedarf beträgt jedoch viele Jahrtausende. Im Mittel wird das Eis etwa alle 5000 Jahre erneuert. Würde also durch Klimaveränderungen beispielsweise die Niederschlagsmenge um 10% geringer, würde ein Abschmelzen der Polkappen rund 50'000 Jahre in Anspruch nehmen und ein durchschnittliches Ansteigen des Meeresspiegels um 12 cm pro Jahrhundert verursachen. Seit 1930 steigt der Meeresspiegel mit einer Rate von 15 cm pro Jahrhundert, was aber kaum mit einem bereits begonnenen Abschmelzen der Polkappen erklärt werden kann. Während der Schwund des grönländischen Eisschildes tatsächlich etwa 6 cm pro Jahrhundert ausmacht, so wird dieser Effekt durch das gegenwärtige Anwachsen des antarktischen Eisschildes wahrscheinlich etwa ausgeglichen. Die Gründe für den beobachteten Anstieg sind bis heute erst teilweise bekannt. Rund 2 der 15 cm sind auf die Zunahme der Ozeanoberflächentemperatur (dadurch bedingte thermische Ausdehnung des Wassers) in den vergangenen 60-100 Jahren zurückzuführen. Weitere 5 cm hängen mit dem Rückgang der Berggletscher zusammen. Die Ursache der verbleibenden 8 cm ist jedoch unklar, könnte aber mit Veränderungen der mittleren atmosphärischen Druckverteilung (1 hPa Veränderung macht rund 1 cm aus) sowie mit Veränderungen der riesigen Grundwasservorräte zusammenhängen. Diese belaufen sich auf etwa das Doppelte des Polareises, nämlich auf ca. 64 Millionen km^3, so dass deren Veränderung um beispielsweise ein Promille bereits 12 cm ausmachen würde. In Anbetracht dieser Unsicherheiten wird deutlich, dass eine Prognose über die Meeresspiegelerhöhung bis zum Jahre 2100 eine riskante Sache ist. Berücksichtigt man eine Fortsetzung des heutigen Trends, die thermische Ausdehnung des Ozeanwassers bei einer Temperaturzunahme von 2-4 K, das Abschmelzen der Berggletscher, das Wachstum der Antarktis und den Schwund des grönländischen

Eisschildes, so ergibt sich nach IPCC ein Anstieg von etwa 30 - 120 cm. Dies allerdings unter der Voraussetzung, dass keine wesentlichen Veränderungen des heutigen Wasserkreislaufs eintreten (es handelt sich wiederum um passive Modelle). Ein nicht auszuschliessender, aber bis zum Jahre 2100 nicht zu erwartender Prozess wäre beispielsweise eine Destabilisierung des westantarktischen Eisschildes, der das Wasseräquivalent von etwa 5 m Meeresspiegelanstieg enthält. Da diese Eismassen unter dem Meeresspiegel auf dem Kontinentalsockel aufliegen, könnte die Fliessgeschwindigkeit des Eises besonders empfindlich auf Klimaveränderungen reagieren, so dass der entsprechende Anstieg innert Jahrzehnten erfolgen könnte. Wir hoffen es nicht.

Aufgrund der enorm langen Reaktionszeiten von Abschmelzvorgängen ist damit zu rechnen, dass der ansteigende Trend des Meeresspiegels sich selbst dann über mehrere Jahrhunderte fortsetzen würde, wenn die CO_2-Emissionen ab sofort stark gedrosselt würden. Ein Anstieg um mehrere Meter ist also für unsere späten Nachkommen bereits als Andenken an unsere Lebensweise vorprogrammiert!

Häufung extremer Wetterereignisse

Die Prognose, dass gewisse extreme Wetterereignisse als Folge einer Klimaverschiebung wesentlich häufiger auftreten werden, ist als sicher einzustufen, weil sie auf einem ganz einfachen Mechanismus beruht. Ich werde diese Zusammenhänge anhand der Basler Temperatur-Tagesmittel erläutern, die Schlussfolgerungen sind aber auf alle anderen klimatischen Variablen wie Regenfälle, Windstärken, Gewitter, Wirbelstürme, Trockenperioden etc. übertragbar. Nun zu den Basler Temperaturwerten über die 89 Jahre von 1901 bis 1989, die durch die Schweizerische Meteorologische Anstalt in einem südlich des Stadtzentrums gelegenen, etwas erhöhten Agglomerationsgebiet in einem Park (Basel-Binningen) gemessen wurden. Das über die ganze Untersuchungsperiode ge-

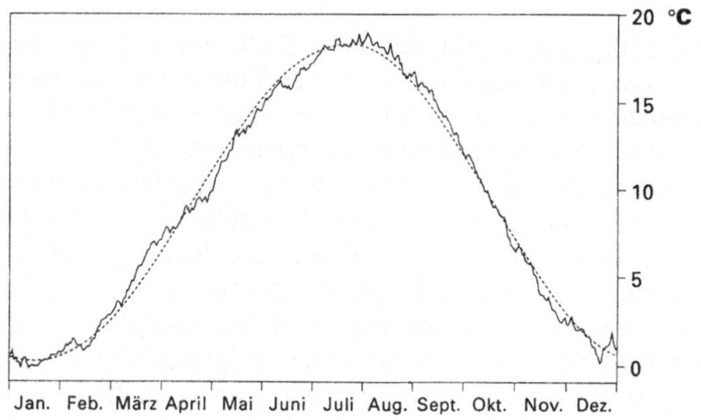

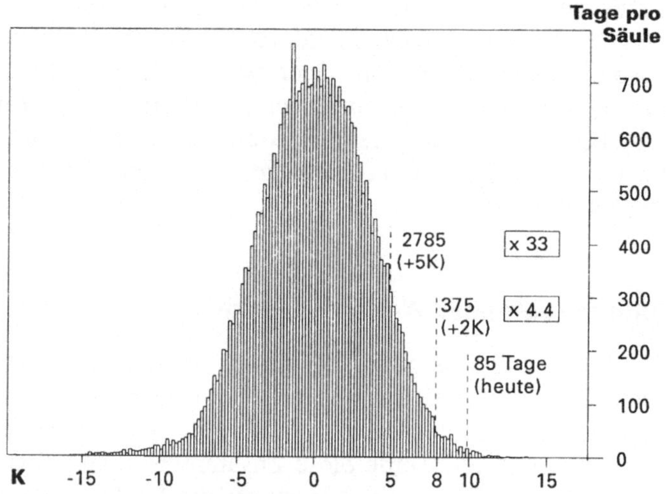

Abb. 19: Tagesmittelwerte der Temperaturen in Basel über 89 Jahre (1901 - 1989). Oben ist der mittlere Jahresgang aufgezeichnet, der angenähert einer Kosinusfunktion entspricht (gestrichelte Kurve). Unten ist die Häufigkeitsverteilung der Abweichungen aller 32'507 Tagesmittel von dieser Kosinusfunktion in Schritten von 0.2 K dargestellt (P. Talkner et al., PSI, 1990).

116

nommene Temperaturmittel beträgt 9.21°C und der mittlere Jahresgang gleicht einer Kosinusfunktion mit einer Amplitude von 9.02 K, wie dies in Abbildung 19 dargestellt ist. Mittlere Julitemperaturen liegen also um 18°C, mittlere Januartemperaturen um 0°C. Für Lugano ist übrigens das entsprechende Temperaturmittel 11.67°C, also nur 2.46 K höher als in Basel, was wiederum die Wichtigkeit einer Temperaturveränderung von "nur" 2.5 K unterstreicht. Sowohl die Vegetation wie auch die Landwirtschaft, die Siedlungen (z.B. Heizungen) und deren Infrastrukturen (z.B. Strom-, Wasserzufuhr) sowie das menschliche Verhalten (Skifahren, Schwimmen, Kleidung etc.) berücksichtigen diesen Jahresverlauf. Darüber hinaus sind alle Systeme (biologische oder technische) so ausgelegt, dass zufällige Schwankungen um den mittleren Jahresverlauf toleriert werden können, solange sie nicht allzu gross sind. Was bedeutet aber dieses vage "allzu"? Genau dies ist der wesentliche Punkt, auf den wir näher eingehen müssen. Abbildung 19 zeigt die einer Gaussschen Zufallsverteilung ähnelnde Häufigkeitsverteilung der Temperaturabweichungen vom mittleren Verlauf. Es ist daraus ersichtlich, dass Abweichungen der Tagesmittelwerte bis zu etwa 8 K nach oben und unten recht häufig auftreten. Schwankungen von mehr als 10 K nach oben kamen innerhalb der 32'507 Tagesmittel jedoch nur rund 85mal vor, also im Durchschnitt an etwa einem Tag im Jahr. Es ist weder für die Biologie noch für die Technik wirtschaftlich, alle Systeme auf solch seltene Ausnahmefälle hin zu dimensionieren. Man nimmt deshalb Verluste und Unannehmlichkeiten in Kauf und bezeichnet diese Fälle als "Anomalien". Diese Definition extremer Ereignisse zeigt deutlich deren enge Verbindung mit der als "gewöhnlich" erlebten Streubreite. Aussergewöhnlich oder anormal sind Ereignisse, mit denen man nur selten zu rechnen hat. Was geschieht nun bei einem Anstieg der Mitteltemperatur um beispielsweise 2 K? Da keine Einengung des Häufigkeitsspektrums (nach unseren am Paul Scherrer Institut durchgeführten Untersuchungen haben die Fluktuationen über das vergangene Jahrhundert eher etwas zugenommen) zu erwarten ist, verschiebt sich dadurch die ganze Verteilung um 2 K nach rechts zu höheren Temperaturen. Ohne Anpassung der Systeme würde unsere subjektive Extremwerts-Schwelle immer noch unverändert bei 10 K liegen, und alle in Abbildung 19 zwischen 8 und 10 K fallenden 290 Ereignisse würden als Anomalien erlebt. Dies würde bedeuten, dass sich statt 85 nun 375 Anomalien im selben Zeitraum ereignen würden. Das Auftreten von extrem hohen Temperaturen hätte sich also aufgrund der Verschiebung des Mittelwertes um 2 K mehr als vervierfacht. Würde sich die Mitteltemperatur gar um 5 K erhöhen, kämen rund 2700 zu den 85 Extremfällen dazu, so dass sich deren Auftretenshäufigkeit mit dem Faktor 33 multiplizieren würde. Mit zunehmender Einstellung auf diese neuen Verhältnisse durch eine veränderte Zusammensetzung der Ökosysteme sowie veränderte Infrastrukturen und Lebensgewohnheiten würde anschliessend die Anomalienschwelle langsam nach oben wandern und sich auf einem 2 resp. 5 K höheren Wert einpendeln. Die Häufung von Anomalien stellt also ein Anpassungsphänomen dar und fällt deshalb um so stärker ins Gewicht, je mehr die Schnelligkeit der zu erwartenden Klimaveränderungen die Schnelligkeit der Anpassungsmechanismen übersteigt. In der Wissenschaft spricht man in diesem Zusammenhang von "nicht kompatiblen Zeitkonstanten", was gelehrter tönt, aber genau dasselbe aussagt. Auf dieser Einsicht begründet sich die Forderung der Klimaforscher, dass alles Mögliche getan werden sollte, um die Temperaturanstiegsrate möglichst klein zu halten. Was heisst "klein"? So, dass notwendigen Anpassungsprozessen genügend Zeit zur Verfügung steht. Viele Wissenschafter sind der Ansicht, dass in diesem Sinne etwa 1 K Temperaturzunahme pro Jahrhundert tolerierbar wäre. Um dies zu erreichen, müssten die globalen CO_2-Emissionen ab 1990 um etwa 1% pro Jahr abnehmen (vgl. Szenario C1 in Abbildung 17). In anderen Worten, die Einfrierung der CO_2-Emissionen bis zum Jahr 2000 auf die Werte von 1990 (Vorschlag der Schweizerdelegation an der Umwelt-Gipfelkonferenz in Rio 1992, der von Österreich, Lichtenstein und Holland unterstützt wurde und eine Intervention der USA in Bern verur-

118

sachte) wäre ein erster Schritt in die richtige Richtung, aber noch bei weitem ungenügend!

Es muss in diesem Zusammenhang noch erwähnt werden, dass eine Klimaerwärmung auch gewisse Anomalien reduzieren würde, nämlich die Häufigkeit extrem niedriger Temperaturen. Diese Veränderung darf aber auch nicht unbesehen als wünschenswert dargestellt werden, denn einmal abgesehen von Schnee und Wintertourismus begrenzen tiefe Temperaturen das Überleben vieler Bakterien und Insekten (Krankheiten, Schädlinge), so dass ein Rückgang ihrer Frequenz eine Zunahme unerwünschter Populationen zur Folge haben könnte.

Schwierige regionale Prognosen

Im Gegensatz zu den oben erwähnten global gemittelten Grössen, die noch einigermassen sicher prognostizierbar sind, ist dies im kontinentalen oder regionalen Massstab äusserst schwierig, wenn nicht gar unmöglich. Die Ursache für diese Probleme sind die kleinskaligen Prozesse, die nie im Detail simuliert werden können. Dabei spielen in der Atmosphäre die Konvektion sowie die damit zusammenhängenden Wolken und im Meer die kleinräumigen horizontalen und vertikalen Austauschprozesse die Hauptrolle. So können beispielsweise kleinste Änderungen des Salzgehaltes (Salinität) im Nordatlantik eine drastische Verringerung der Tiefenwasserproduktion und ein Abflauen des Golfstromes bewirken. Nach Modellrechnungen wäre deshalb das paradox anmutende Szenario möglich, dass die Temperaturen im westlichen Mittel- und Nordeuropa abnehmen könnten, obwohl die globale Mitteltemperatur zunimmt. Also Aufschwung des europäischen Wintersportes im Treibhaus! Doch dies ist nur ein denkbares Szenario unter vielen anderen. Ich bin der Meinung, die regionalen Modellprognosen seien heute noch derart unsicher, dass die ehrlichste Aussage lauten müsste, dass mit Modellen jede gewünschte regionale Prognose bestätigt werden kann. Dies soll jedoch keineswegs eine Absage an die Weiterentwicklung globaler Zirkulationsmodelle sein, sondern im Gegenteil ein Hinweis auf die dringende Notwendigkeit einer intensiven Förderung. Denn selbst wenn auch nie alle Details korrekt simuliert und noch weniger prognostiziert werden können, so könnten verbesserte und leistungsfähigere Modelle Zusammenhänge und Möglichkeiten aufzeigen, die den Wissenschaftern nicht im Traum einfallen würden. Solche Resultate würden zu neuen Fragen Anlass geben, die wir an die Natur stellen und mit Hilfe von Beobachtungen zu beantworten versuchen. Bei solch komplexen Systemen wie dem globalen Klimasystem ist es nämlich höchst selten so, dass uns vollständig unvoreingenommene Analysen von Messreihen irgendwelche objektiven Wahrheiten aufdrängen. Vielmehr bildet eine primär vorhandene Idee eine Art Raster, durch den wir die Daten betrachten, um eine Bestätigung oder Verwerfung der Idee als Antwort zu erhalten. Bei diesem Prozess könnten gute Klimamodelle wertvolle Ideengeneratoren darstellen.

Es gibt neben der Modellierung noch einen ganz anderen Weg, um regionale Prognosen zu erstellen. Im (vorläufigen) nacheiszeitlichen Klimaoptimum vor rund 6000 Jahren war die globale Mitteltemperatur um etwa 1.5 K höher als zu Beginn unseres Jahrhunderts. Durch Pollen- und Jahrringanalysen kann versucht werden, die damalige Klimaverteilung zu rekonstruieren und mit dem heutigen Klima zu vergleichen. Resultate solcher Untersuchungen legen nahe, dass es damals im mittleren Westen der USA sowie in Skandinavien trockener war als heute. In Europa, Nord- und Ostafrika sowie Indien dürfte es jedoch feuchter gewesen sein. Ob die Klimaanomalien der 80er Jahre als Hinweise auf eine solche Entwicklung gedeutet werden können, ist noch sehr ungewiss. Das Bild jedoch passt zusammen: Starkniederschläge im Alpenraum mit riesigen Schäden in der Innerschweiz 1987, Dürreperiode mit ausgetrocknetem Mississippi 1988, fast alljährliche Sturmfluten und Überschwemmungen in Bangladesh. Weiter muss während des römischen Klimaoptimums (ca. 1 K wärmer) die heutige Wüste in Nordafrika geblüht haben, um Karthago (Tunis) so weit erstarken zu lassen, dass es zur bedeutendsten Handelsstadt im westlichen Mittelmeer und damit zum Todfeind der Römer anwuchs. Nicht umsonst hat der alte Cato jede seiner Senatsreden mit dem Satz beschlossen: "ceterum censeo Carthaginem esse delendam" (im übrigen bin ich der Ansicht, dass Karthago zerstört werden muss), was tatsächlich 146 v. Chr. auch gründlich geschah. Das Hinterland jedoch wurde fortan zur Kornkammer Roms, was wiederum die klimatische Begünstigung gegenüber heute beweist.

Es ist jedoch bei all diesen Rekonstruktionsversuchen der Klimageschichte der Nacheiszeit im Hinblick auf Prognosen für das 21. Jahrhundert eine Warnung anzubringen. Alle sich ereignenden Klimaoptima fanden bei wesentlich kleineren als den heutigen CO_2- und CH_4-Konzentrationen statt und ihre Ursachen sind bis heute unbekannt. Es könnte sich also herausstellen, dass die durch andere Prozesse verursachten Klimaoptima der Vergangenheit eine andere räumliche Ausprägung aufweisen, als wir sie für die treibhausgasbedingte Erwärmung erwarten müssen. Einfache Analogieschlüsse sind deshalb vielleicht unzulässig.

Eine abschliessende Bemerkung gilt der Art und Weise, wie heute Fragen der regionalen Klimaveränderungen formuliert werden. Die Politiker jedes Staates, sei er noch so klein, wollen wissen, wann und wie stark sich welche Klimaparameter ändern werden, und welche Folgen dies auf die Wirtschaft und Bewohnbarkeit des betreffenden Landes haben wird — sicher naheliegende und deshalb verständliche Fragen. Ich bitte Sie nun aber sorgfältig auf die in Ihnen hochsteigenden Gefühle zu achten, welche sich beim Lesen der folgenden wissenschaftlichen Zielsetzung einstellen: "Hauptzielsetzung des Programmes ist die nähere Erforschung der Auswirkungen möglicher künftiger Klimaänderungen auf Umwelt und Gesellschaft von Colorado" (Colorado ist flächenmässig etwas kleiner als Deutschland, die Schweiz hätte darin fast siebenmal Platz). Falls sich bei Ihnen Gefühle melden wie "kleinkariert", "dies ist doch nicht das Problem" oder ähnliche, kann ich Sie gut verstehen; ich wäre aber nicht erstaunt, wenn Sie bei der Lektüre von Forschungsprogrammen Ihres eigenen Landes auf ähnliche Zielsetzungen stossen würden. Statt "von Colorado", was ich frei erfunden habe, könnte es dann aber beispielsweise "in der Schweiz" heissen. Ich möchte mit Hilfe dieses Beispiels meiner Überzeugung Ausdruck verschaffen, dass sich die globale Familie der Klimawissenschafter in einer koordinierten Anstrengung auf die *wesentlichen* Fragen zu diesem globalen Problem konzentrieren müsste. Eine notwendige Voraussetzung hierfür wäre jedoch eine grössere Weltoffenheit der für die Finanzierung zuständigen Stellen durch die Erkenntnis, dass wir alle im selben Boot sitzen und es nicht so wichtig ist, wer zuerst nass wird!

Gibt es erste Anzeichen einer globalen Klimaveränderung?

Diese vom wissenschaftlichen Standpunkt aus eher untergeordnete Frage bekommt in Anbetracht "normalen" menschlichen Verhaltens einen sehr hohen Stellenwert und muss prioritär behandelt werden. Aus der Erkenntnis der Psychologie heraus, dass echte Verhaltensänderungen sich nur als Resultat eines deutlichen Leidensdruckes einstellen, wird klar, dass "es weh tun muss", bevor die CO_2-Emissionskurve einen Knick nach unten machen wird. Mit anderen Worten: Ohne sich Illusionen hinzugeben, wird man wohl auf deutliche Zeichen am Klimahimmel warten müssen, bevor ein ernsthafter politischer Wille zur Durchsetzung von Emissions-Reduktionsmassnahmen zustandekommen wird. Dabei kann die Wissenschaft einen wertvollen Beitrag leisten, wie dies bereits im Falle des Ozonlochs geschah. Lange bevor man dieses an einer offensichtlichen Häufung von Hautkrebserkrankungen hat feststellen können, war es möglich, mit Hilfe von Sondenaufstiegen und Satellitenaufnahmen das "Loch" zu sehen, und mit Hilfe luftchemischer Modelle konnte man schliesslich einen Zusammenhang mit den Fluorchlorkohlenwasserstoff-Emissionen glaubhaft darlegen. Ganz ähnlich wird man auf eine messtechnisch deutlich sichtbare Klimaveränderung warten müssen. Da nicht feststeht, welcher Art diese sein und wo sie zuerst auftreten wird, müssen möglichst viele Klimaparameter weltweit aufmerksam verfolgt werden. In diesem Zusammenhang fällt den globalen Klimamodellen neben ihrer Funktion als Ideengeneratoren eine zweite wichtige Aufgabe zu. Sie müssen imstande sein, glaubhaft darzulegen, ob ein Zusammenhang zwischen einer beobachteten Veränderung und den anthropogenen Treibhausgasemissionen besteht oder nicht. Je besser die Früherkennung von Veränderungen und je besser die Klimamodelle sind, desto früher besteht die Chance einer Abkehr von der heutigen unvernünftigen Entwicklung. Ein früher einsetzender Umdenkprozess wird seinerseits die Geschwindigkeit der Klimaveränderungen reduzieren und dadurch die Möglichkeiten der Anpassung verbessern.

Nach den obigen Ausführungen über den Entwicklungsstand der Modelle sowie über die Fluktuationen der Klimaparameter dürfte nicht erstaunen, dass bis heute keine lückenlose und zweifelsfreie Kausalkette zwischen anthropogenen Treibhausgasen und beobachteten Klimaveränderungen existiert. Am wenigsten Zweifel sind verständlicherweise beim globalen Temperaturmittel vorhanden, das über das vergangene Jahrhundert um 0.3 - 0.6 K angestiegen ist. Diese Beobachtungsresultate stimmen mehr oder weniger mit entsprechenden Modellrechnungen überein. Es muss allerdings erwähnt werden, dass der beobachtete Temperaturanstieg noch in derselben Grössenordnung wie die natürlichen Schwankungen liegt. Es könnte sich also immer noch um eine solche natürliche Fluktuation handeln. Auf der anderen Seite wäre aber auch denkbar, dass eine nach unten gerichtete natürliche Schwankung vorläufig ein noch stärkeres Ansteigen der Temperatur, das etliche Modelle nahelegen, verhindert hätte. Tatsache ist aber, dass die Jahre 1990 und 1991 die wärmsten in der existierenden, knapp 200 Jahre umfassenden Messreihe sind. Zur Zeit der Redaktion dieses Buches ist die Auswertung des Jahres 1992 noch nicht ganz abgeschlossen, doch es zeigt sich möglicherweise eine

Abkühlung um 0.1 - 0.2 K, die auf den 1991 erfolgten Ausbruch des Mount Pinatubo auf den Philippinen zurückzuführen ist. Die durch bis in die Stratosphäre hinauf geschleuderten Aerosole verursachte Verringerung der Sonneneinstrahlung dürfte die kommenden paar Jahre beeinflussen (eine zufällige Häufung von Vulkanausbrüchen könnte sogar zu einer über längere Zeit anhaltenden Abkühlung führen). Mit einer durchschnittlichen Erwärmung um 0.3 K pro Dekade würde die Temperatur bis etwa zum Jahr 2010 auf 0.9-1.2 K über den im 19. Jahrhundert registrierten Wert ansteigen und sich dann wohl zweifelsfrei dem Treibhauseffekt zuordnen lassen. Ein empfindlich auf Temperaturänderungen reagierender Parameter ist die Schneebedeckung der Landflächen auf der Nordhalbkugel. Untersuchungen der übers Jahr gemittelten Ausdehnungen dieser Schneedecken haben eine Abnahme um etwa 8% über die vergangenen zwei Jahrzehnte gezeigt. Dies ist ein weiterer Hinweis darauf, dass die festgestellten Temperaturanstiege reell sind.

Noch schwieriger als bei globalen Mittelwerten ist die Verknüpfung regionaler Anomalien mit dem Treibhauseffekt. Immerhin stimmt es nachdenklich, dass das Auftreten von mindestens 6 überdurchschnittlich warmen Sommern in nur einem Jahrzehnt in Europa seit 1500 nie vorkam, dass drei Mildwinter wie 1988-90 in der Schweiz vermutlich seit 1250 nie hintereinander vorkamen und dass fast jährlich in Europa oder Indien Starkniederschläge oder Stürme erlebt werden, die Jahrhundertereignisse darstellen. Man erinnere sich beispielsweise an die Hochwasserkatastrophe in der Innerschweiz vom August 1987 sowie die Sturmschäden des Jahres 1990 oder die Überschwemmungen in Indien als Folge eines überaus heftigen Monsuns 1991. Neben solchen Klimaanomalien deuten weniger ins Auge springende Verschiebungen auf einen im Gange befindlichen Veränderungsprozess hin. So scheint beispielsweise der Wasserdampfgehalt in der tropischen unteren Atmosphäre deutlich anzusteigen. Da Wasserdampf das wichtigste Treibhausgas ist, verwundert nicht, dass parallel dazu auch ein entsprechender Temperaturanstieg beobachtet wird. Diesen Feststellungen muss besonders intensiv nachgegangen werden, denn sie widersprechen den Prognosen der Klimamodelle, die nicht in den Tropen, sondern an den Polen die deutlichsten Temperaturerhöhungen prophezeien. Diesbezügliche Beobachtungen sind uneinheitlich. Währenddem der in Bohrlöchern im Permafrostboden im Norden Kanadas gemessene Temperaturverlauf eine Erwärmung um 2 bis 4 K innerhalb der letzten Jahrzehnte nahelegt, können mit Hilfe der Jahrringanalyse keine signifikanten Veränderungen nachgewiesen werden. Handelt es sich bei den Beobachtungen um Anomalien oder Messfehler, fehlt den Modellen ein wichtiger Prozess im tropischen Wasserkreislauf? Es ist zu hoffen, dass die kommenden Jahre das Bild konsistenter und nicht noch unverständlicher machen werden.

V   Szenarien für die Menschheit 2000: Gaia, Geist oder Grenze

Was ist das Ziel des Lebens? Was ist das Ziel der Menschheit? Fragen, die sich aus der traditionellen, westlichen, linearen Denkweise heraus aufdrängen, sich bei einer umfassenden Schau der Zusammenhänge jedoch als unbrauchbar erweisen oder sogar in Nichts auflösen. Nicht ein Endziel, höchstens Etappenziele, vor allem aber der Weg sollten im Brennpunkt des Interesses stehen. Wege gibt es jedoch immer verschiedene und deshalb ist eine Betrachtung mehrerer Szenarien angezeigt. Ich möchte mich dabei auf drei Wege mit besonders ausgeprägtem Charakter beschränken, die ich "Gaia", "Geist" und "Grenze" nennen möchte. Die den drei Szenarien zugrunde liegenden und sie prägenden menschlichen Verhaltensweisen sind in derselben Reihenfolge "Weiterwursteln", "Verantwortung" und "Risiko". Da diese drei Verhaltensmuster mit Sicherheit an der Bestimmung des zukünftigen Weges beteiligt sein werden, ist anzunehmen, dass damit wichtige Züge der tatsächlich eintretenden Entwicklung beschrieben werden. Nach der Fertigstellung des Manuskriptes zu diesem Buch fiel mir das neue Werk von Meadows und Randers [9] in die Hände, in dem dieselben drei Szenarien auf Seite 123 als "overshoot and collapse" (Überschiessen und Kollaps), "sigmoid" (S-Kurve) und "overshoot and oscillation" (Überschiessen und Schwingungen) behandelt werden. Weiter stellte ich mit tiefer Befriedigung fest, dass viele der hier beschriebenen Gedanken auch beim einflussreichen amerikanischen Vizepräsidenten Al Gore [10] gefunden werden können. Bevor wir uns nun den drei charakteristischen Szenarien und der Rolle, die der Treibhauseffekt dabei spielen könnte, zuwenden, möchte ich darlegen, dass die Fortsetzung der seit rund zwei Jahrhunderten anhaltenden Bevölkerungsexplosion nicht mehr über lange Zeit möglich ist.

126

So geht's nicht weiter

Im 19. Jahrhundert hat sich die Weltbevölkerung etwa verdoppelt, eine weitere Verdoppelung folgte dann bis 1965 und eine dritte auf 6.4 Milliarden wird bis zum Jahr 2000 erwartet. Die Verdoppelungszeiten nahmen also von 100 auf 65 und dann auf 35 Jahre ab, was einem Rückgang auf rund 60% nach jeder Verdoppelung entspricht. Die Fortsetzung dieser Dynamik im 21. Jahrhundert würde eine weitere Verdoppelung auf 12.8 Milliarden bis zum Jahr 2021 bringen. Wenn wir annehmen, dass die Verdoppelungszeiten nicht unter etwa 15 Jahre fallen können, würde die Entwicklung ab diesem Zeitpunkt nicht mehr überexponentiell, sondern "nur" noch exponentiell weitergehen, also im Jahr 2036 auf 25.6 Milliarden klettern und schliesslich im Jahre 2100 rund 460 Milliarden erreichen. Damit kämen rund 3000 Menschen auf jeden km^2 Festland (Pole und Wüsten miteingerechnet); ein Wert, wie er heute im Ruhrgebiet erreicht wird. Im dicht besiedelten schweizerischen Mittelland leben jedoch heute im Durchschnitt fünfmal weniger Menschen auf jedem km^2. Ich bin der Meinung, dass ein solches exponentielles Szenario auch im Falle vollständig unerwarteter technischer Innovationen ausgeschlossen werden kann.

Die Erdbevölkerung wird also höchstens noch einige Jahre überexponentiell und dann höchstens wenige Jahrzehnte exponentiell weiterwachsen können, weil sich die Grenzen unseres Planeten immer stärker bemerkbar machen werden. Aus diesen Überlegungen heraus wird klar, dass in sehr naher Zukunft eine wesentliche Veränderung in der Bevölkerungsentwicklung einsetzen wird. Da dieser Zeitpunkt mit deutlich sich manifestierenden Klimaveränderungen zusammenfallen wird, ist zu erwarten, dass sich die beiden Phänomene gegenseitig stark beeinflussen werden. Es ist die Dynamik dieser Wechselwirkung, die dann die weitere Entwicklung, also das Szenario, mitbestimmen wird.

Szenario "Gaia" — Gaia macht's mit Fieber

Es war Mitte der 60er Jahre, als James E. Lovelock in Kalifornien im Rahmen eines NASA-Auftrages (NASA = Weltraumbehörde der USA) mit der Frage beschäftigt war, wie die Existenz von Leben auf dem Mars festgestellt werden könnte. Im Gegensatz zu den naheliegenden Vorschlägen, irgendwelche Lebewesen zu suchen (aber wo?), entwickelte er eine wesentlich umfassendere Sichtweise. Er vertrat die Ansicht, dass sich Leben in der Zusammensetzung der dünnen Marsatmosphäre kundtun müsste: Leben würde die Atmosphäre miteinbeziehen und vom chemischen Gleichgewichtszustand entfernen und dies müsste auf einfache Weise feststellbar sein. Eine Weiterentwicklung dieser globalen Sichtweise und deren Übertragung auf die Erde führte schliesslich zur "Gaia-Hypothese" [11]. Sollte die Erde nicht vielleicht wie ihre griechisch-mythologische Mutter "Gaia" als ein einziger, grosser Organismus betrachtet werden? Sind Meere, Atmosphäre, Steine, Tiere und Pflanzen nicht eng zusammenhängende Organe dieses Lebewesens? Obwohl in der Wissenschaft teilweise stark angefochten, rückt doch das Gaia-Konzept die enge Verbindung zwischen den verschiedenen Kompartimenten in den Vordergrund. Auf die intensive Kopplung zwischen Meer und Atmosphäre wurde bereits mehrmals hingewiesen. Bedenkt man auch, dass der atmosphärische Sauerstoff biologischen Ursprungs ist, gleichzeitig aber die Grundlage für das Leben der Tiere darstellt und die chemische Zusammensetzung der Gesteine (aufgrund des atmosphärischen Sauerstoffs liegen alle Metalle in der oxidierten Form vor) bestimmt, erkennt man in Gaia mindestens ein zusammenhängendes, komplexes und sich selbst steuerndes System. Das Substrat und die Biosphäre bedingen sich gegenseitig, so dass ineinandergreifende Kreisprozesse als Voraussetzung für ein sich selbst organisierendes System vorliegen. Wie läuft das Zusammenspiel von Substrat und Lebewesen? Dies soll am Beispiel einer Hirschpopulation für eine besonders einfache Situation illustriert werden.

Das Beispiel einer Hirschpopulation

Vor 1907 lebten auf dem abgeschlossenen etwa 3000 km^2 grossen Kaibab-Plateau nördlich des Grand Canyon im amerikanischen Bundesstaat Arizona rund 4000 Weisswedelhirsche. Ihre Population wurde durch die natürlichen Feinde Puma (etwa 800), Wolf (etwa 30) und Koyote (etwa 7400) in Schach gehalten. Als aber 1907 eine Prämie auf die drei Räuber ausgesetzt wurde, führte dies zu einer wesentlichen Dezimierung von deren Populationen innerhalb von 20 Jahren. Als Folge davon schoss die Hirschpopulation exponentiell in die Höhe und erreichte 1924 rund 100'000, also 25mal mehr als das ursprüngliche Niveau. Trotz einer ersten Warnung kompetenter Beobachter bereits im Jahre 1918, trotz stark zunehmendem Kitzensterben im Jahre 1920 und trotz weiterer 6 Warnungen wurde keine Änderung der Prämienpolitik beschlossen. Aufgrund der Erschöpfung der stark überbeanspruchten

Hirschpopulation

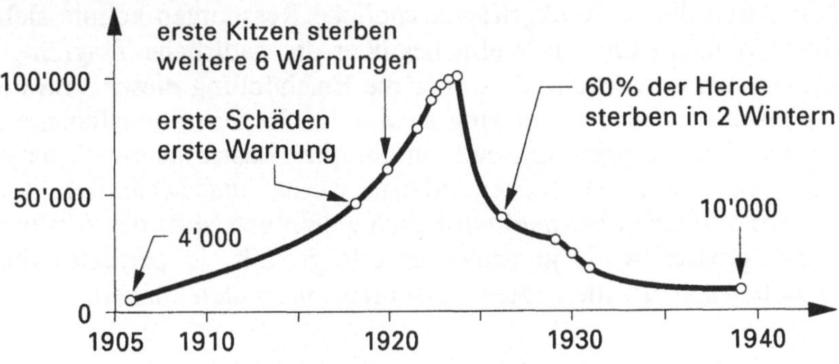

Abb. 20: Exponentielles Wachstum der Hirschpopulation auf dem Kaibab-Plateau (Arizona, USA) nach Dezimierung der natürlichen Feinde und Zusammenbruch nach Übernutzung der Lebensgrundlage (nach [12]).

Vegetation starben in zwei aufeinanderfolgenden Wintern 60%
der Tiere. Die Vegetation konnte sich aber nur so langsam von
den massiven Schäden erholen, dass die Hirschpopulation auch in
den Folgejahren immer weiter absank, bis sie schliesslich rund
10'000 erreichte, nur um den Faktor 2.5 höher als der ursprüngliche Wert. Währenddem vorher die natürlichen Feinde die Grenze
bestimmt haben, so wurde sie später durch die Tragfähigkeit der
Lebensgrundlage gegeben. Es lohnt sich, darüber nachzudenken,
weshalb es zu diesem jähen Zusammenbruch kommen musste und
sich die Population nicht einfach auf einem höheren Niveau ein-
pendelte, nachdem die Räuberpopulation zurückging. Die Begründung liegt darin, dass die rasch wachsende Hirschpopulation
in einem starken Ungleichgewicht in bezug auf ihre Umwelt lebte.
Sie vermehrte sich nicht im Einklang mit der Leistungsfähigkeit
(d.h. Nachwuchsgeschwindigkeit) der regenerierbaren Ressourcen, es handelte sich nicht um eine nachhaltige Entwicklung
(englisch "sustainable development"), sondern die Expansion geschah durch Ausbeutung von Lebensmittelvorräten, die über eine
lange Zeit hinweg in der Vergangenheit angelegt worden waren.
Nur durch diesen Rückgriff auf endliche Ressourcen konnte sich
die Population um ein Vielfaches über die natürliche Tragfähigkeit hinaus entwickeln. Je weiter die Erschöpfung dieser Vorräte
voranschritt, desto weiter ging auch deren Regenerationsfähigkeit
zurück (Rückkoppelung), und ein abrupter Zusammenbruch nach
dem Auffressen der letzten Pflanze wurde unausweichlich. An
diesem einfachen Beispiel wird auch ersichtlich, dass der Absturz
umso grösser wird, je später er erfolgt, d.h. je perfekter die
Hirsche auch die allerletzten Ressourcen ausbeuten können.

Die Reaktion von Gaia

Im Falle der Erdbevölkerung ist die Situation komplizierter, wenn
auch viele Gemeinsamkeiten mit der betrachteten Hirschpopulation einen analogen Prozess nahelegen. Gleich wie das Kaibab-
Plateau ist auch das Raumschiff Erde begrenzt, und analog den

Hirschen expandiert die Erdbevölkerung nach einer drastischen Dezimierung ihrer natürlichen Feinde (Krankheiten) auf Kosten von Vorräten (fossile Brennstoffe, Mineralien, Regenwälder), zerstört dabei ihre Lebensgrundlage (Böden, Meere) und verändert ihre Umgebungsbedingungen (Atmosphäre, Klima). Die Voraussetzungen für einen Zusammenbruch sind also gegeben; das Kaibab-Plateau ist jedoch zu einfach, um unverändert auf die Erde übertragbar zu sein. Da spielen einmal die Heterogenität von Gaia und die Vielfalt der Vorräte, um die es sich handelt, eine Rolle. Es werden nicht alle gleichzeitig ausgehen, und das stark diversifizierte globale ökonomisch-ökologische System reagiert weniger empfindlich auf einzelne Engpässe als eine "Monokultur". Und dann kommt etwas sehr Entscheidendes, nämlich die Kreativität des Menschen sowie seine enorme Anpassungsfähigkeit an die unterschiedlichsten Umgebungsbedingungen. Dies alles wirkt sich stabilisierend aus und hätte grosse Chancen zum Erfolg, wenn die Warnungen von Gaia nur genügend früh ernst genommen würden. Trifft dies jedoch nicht zu, und dies wird beim vorliegenden Szenario angenommen, wird der Bevölkerungszuwachs mit Hilfe der Medizin, der Gentechnologie und dem Segen des Papstes mit unverminderter Schnelligkeit weitergetrieben. Die besonders schnell anschwellende Bevölkerung der Drittweltländer wird mit allen Mitteln versuchen, den Pro-Kopf-Energieverbrauch nach dem Vorbild der Industrieländer massiv zu erhöhen, um ihre Lebenssituation zu verbessern. Diese Bestrebungen finden ihre volle Unterstützung durch die Industrieländer aufgrund sich auftuender traumhafter Absatzmärkte. Die Emissionen von Treibhausgasen werden zunehmen, und die dadurch verursachten massiven Klimaveränderungen übersteigen die Anpassungsgeschwindigkeit des globalen ökonomisch-ökologischen Systems. Zusammen mit der Erosion, der Vergiftung und Versteppung einst fruchtbarer Böden, der Vernichtung der Regenwälder und der Vergiftung der Meere bedeuten die Klimaverschiebungen einen nicht mehr verkraftbaren Stress, und das System kollabiert — Gaia hat sich mit Fieber von einem lästigen Parasiten befreit! Nicht dass dadurch die Art "homo sapiens sapiens" aussterben würde, sie würde lediglich in ihre Schranken gewiesen, die je nach den angerichteten Umweltschäden recht tief liegen dürften. So betrachtet bekäme der Treibhauseffekt auch eine sehr positive Funktion, nämlich diejenige einer Notbremse, knapp bevor Gaia selbst stirbt. Um die Erdbevölkerung jedoch von beispielsweise 20 Milliarden innerhalb von 10 Jahren auf 2 Milliarden zu reduzieren, müssten in diesem Zeitraum jede Stunde etwa 200'000 Menschen an Hunger oder Krankheiten sterben. Ist der Treibhauseffekt auch ein Signal von Gaia, alles zu tun, um dieses Schreckensszenario zu vermeiden?

Szenario "Geist " — Der Weg in eine hoffnungsvolle Zukunft ist noch offen

Das Prinzip Verantwortung

Die Überschrift wurde in Anlehnung an den am 5. Februar 1993 verstorbenen Philosophen Hans Jonas gewählt. Er veröffentlichte 1979 im Alter von 76 Jahren ein Buch [13] mit diesem Titel, in dem er versucht, eine Ethik für die technologische Gesellschaft zu entwickeln, um dem "entfesselten Prometheus Zügel anzulegen". In unserem Zusammenhang soll Verantwortung vor allem als Gegensatz zum vorher beschriebenen kopf- und geistlosen Szenario gesehen werden, bei dem ein unreflektierter mechanischer Ablauf notwendigerweise zur Katastrophe führen muss. Im Falle von Weisswedelhirschen, Algen und Insekten ist dieses Verhalten in Ermangelung jeglicher Voraussicht verständlich und schicksalsbedingt. Könnte das Zeitalter des Geistes, das im biologischen Massstab soeben erst begonnen hat (100'000 Jahre sind im Vergleich zum Erdalter wie 2 Sekunden im Vergleich zu einem Tag), dieses Naturprinzip durchbrechen? Diese optimistische Haltung wird für das vorliegende Szenario "Geist" eingenommen. Es wird angenommen, dass die Politiker ihre tiefsitzende Angst vor einem

132

Bevölkerungsrückgang verlieren, die sie "rational" mit dem Zusammenbruch der sozialen Altersvorsorge begründen. Verantwortung würde hier bedeuten, den Alten ihre Würde zurückzugeben, indem sie wieder einen Platz in der Gesellschaft bekämen, statt sie einfach zu versorgen. Es wird weiter angenommen, dass durch eine Besserstellung der Frau, durch den Miteinbezug des Weiblichen in Gesellschaft und Politik und nicht durch vermehrten Energieverschleiss die Geburtenzahl so weit verringert werden kann, dass daraus eine deutliche Abnahme der Bevölkerungszahl resultiert. Dieses Szenario geht zudem davon aus, dass die Religionsträger ihre Wichtigkeit nicht mehr nach der Anzahl ihrer untertänigen Seelen messen, sondern beginnen, sich für jeden Menschen verantwortlich zu fühlen, der keinen ihm angemessenen Platz auf unserem Planeten findet. Das heute praktizierte Gegenteil müsste mehr und mehr als Verantwortungslosigkeit, ja sogar als Verbrechen betrachtet werden.

Weniger wäre mehr

Es ist erstaunlich, welch einfache Wege sich auftun, wenn man sich von der religiös-politisch-ökonomischen Wachstums-Zwangsvorstellung löst. Die Industrieländer könnten ohne Verzicht auf Komfort die IPCC-Forderung nach einem Rückgang des CO_2-Ausstosses auf 30 bis 50% von 1990 erfüllen, die Entwicklungsländer könnten ihre Lebensbedingungen wesentlich verbessern, und gleichzeitig mit dem Treibhausproblem würden auch die übrigen Umweltprobleme mit vernünftigem Aufwand lösbar. Um zu begreifen, wie ein solcher Weg aussehen würde, muss der Zusammenhang zwischen der prozentualen jährlichen Wachstumsrate einer Bevölkerung und der durchschnittlichen Anzahl Kinder pro Frau hergestellt werden. Durch eine relativ einfache Computersimulation erhält man die in Abbildung 21 eingezeichnete Kurve für den stationären Fall einer exponentiell wachsenden oder abnehmenden Population. Zur Vereinfachung der Berechnung wurde angenommen, dass jedes Mädchen das zwischen 20 und 29

133

Jahren festgelegte Fruchtbarkeitsalter erreicht, was für unsere Betrachtung eine ausreichende Näherung darstellt. Es ist einleuchtend, dass die Bevölkerungszahl dann stabil ist, wenn jedes Elternpaar im Durchschnitt zwei Kinder hat (Gleichgewichtspunkt). Um eine Bevölkerungsabnahme von 0.5% pro Jahr zu erreichen, müsste also die durchschnittliche Kinderzahl pro Frau auf 1.8 absinken. Dies bedeutet, dass nur neun von zehn Frauen je zwei Kinder hätten, ein mindestens für europäische Verhältnisse gut vorstellbares Ziel, das auch für Nordamerika, Japan und die ehemalige Sowjetunion realisierbar erscheint. Zusätzlich zu dieser

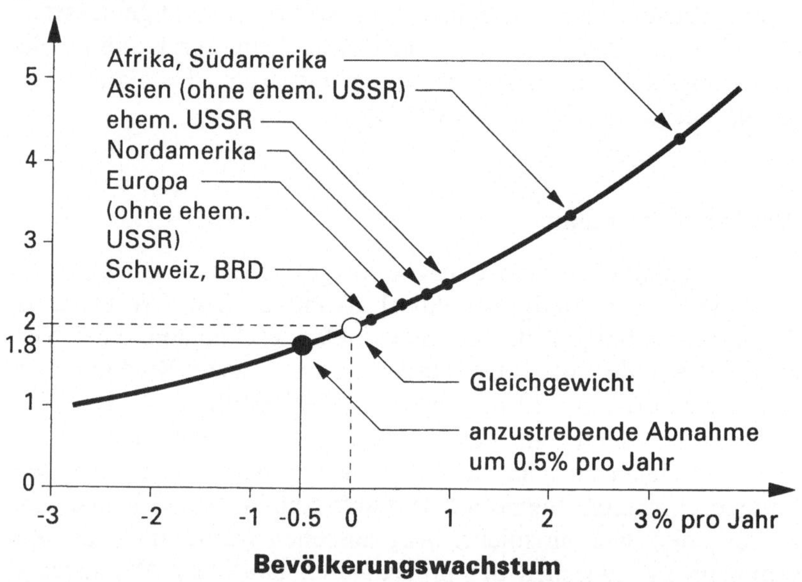

Abb. 21: Zusammenhang zwischen der durchschnittlichen Kinderzahl pro Frau und dem prozentualen jährlichen Bevölkerungswachstum (exponentielle Wachstumskurve). Die Punkte geben etwa die Verhältnisse der vergangenen 20 Jahre wieder.

134

Massnahme müssten die CO_2-Emissionen pro Kopf um 0.5% pro Jahr reduziert werden, eine ebenfalls nicht allzu hoch gesteckte Forderung, die mit der Verbesserung von Wirkungsgraden bei Kraftwerken und Haushaltgeräten sowie von Gebäudeisolationen, dem Einsatz von aktiver und passiver Sonnenenergie und Elektroautos relativ leicht realisierbar wäre. Die dafür volkswirtschaftlich aufzuwendenden Kosten lägen jedenfalls weit unter den heutigen Militärausgaben. Das Resultat eines solchen Szenarios wäre ein Rückgang der Bevölkerung in den Industrienationen auf rund 60% bis zum Ende des 21. Jahrhunderts. Die Schweizer Bevölkerung würde sich beispielsweise auf etwa 4 Millionen verringern, d.h. auf den Stand der 30er Jahre zurückgehen. Dabei würden der heutige Lebensstandard mindestens beibehalten und die Lebensquali-

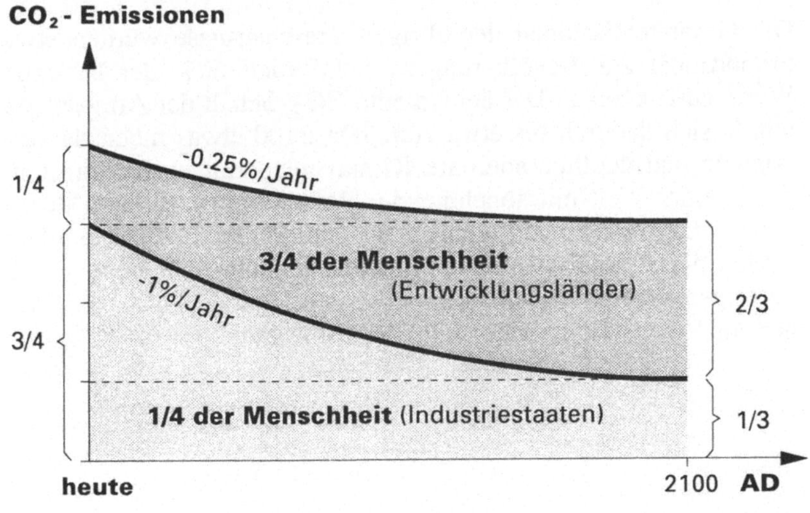

Abb. 22: Umverteilung der CO_2-Emissionen. Die Industriestaaten müssen ihre Emissionen um den Faktor 3 zurücknehmen, um den Entwicklungsländern einen gerechten Anteil zu überlassen.

tät sogar entscheidend verbessert werden können. Die CO_2-Emissionen der Industriestaaten gingen auf etwa einen Drittel zurück, und die entsprechende IPCC-Forderung könnte erfüllt werden.

Die Entwicklungsländer könnten ihre Situation unter einem derartigen Szenario deutlich verbessern, indem sie ihren Anteil an CO_2-Emissionen trotz dem Bevölkerungsrückgang auf 60% verdoppeln könnten, was rund einer Verdreifachung der Pro-Kopf-Emissionen entsprechen würde. Damit würde sich der weltweite CO_2-Ausstoss insgesamt um 1/4 reduzieren und die verbleibenden 3/4 würden zu zwei Teilen von den heutigen Entwicklungsländern (3/4 der Erdbevölkerung) und nur zu einem Teil von den heutigen Industriestaaten (1/4 der Erdbevölkerung) verursacht, wie dies in Abbildung 22 dargestellt ist. Eine weitgehend gerechte Verteilung wäre erreicht!

Die Gesamtemissionen der übrigen Treibhausgase würden etwa proportional zur Bevölkerungszahl auf rund 60% der heutigen Werte zurückgehen. Der äquivalente CO_2-Gehalt der Atmosphäre würde sich dadurch bis etwa zum Jahr 2100 etwas mehr als verdoppeln und deutlich spürbare Klimaveränderungen hervorrufen, die in einer Welt mit abnehmender Bevölkerungszahl aber durch Anpassungsprozesse aufgefangen werden könnten. Alles in allem ergäbe dieses Szenario einen weitgehend intakten Planeten, eine gerechtere Verteilung der Ressourcen und eine Zukunft, die wieder von Zuversicht und Hoffnung erfüllt wäre!

Szenario "Grenze" — Gratwanderung mit Absturzgefahr

Das Konzept der selbstorganisierten Kritikalität

Wie steil ist ein Sandhaufen? Es ist eine Erfahrung, die jedes Kind spielerisch erwirbt, dass man mit trockenem Sand keine Burg bauen kann. Es gibt eine Neigungsgrenze, bei deren Überschreitung kleinere oder auch grössere "Lawinen" entstehen. Dadurch wird die Hangneigung automatisch reduziert, so dass sich im Mittel von alleine eine Steilheit einstellt, die sehr nahe bei einem kritischen Wert liegt. Diese Eigenschaft, sich an einer kritischen Grenze entlang zu entwickeln, kann bei vielen natürlichen Systemen, bei Populationen und auch bei Wirtschaftssystemen beobachtet werden. Aus diesem Grunde ist auch die S-förmige Ent-

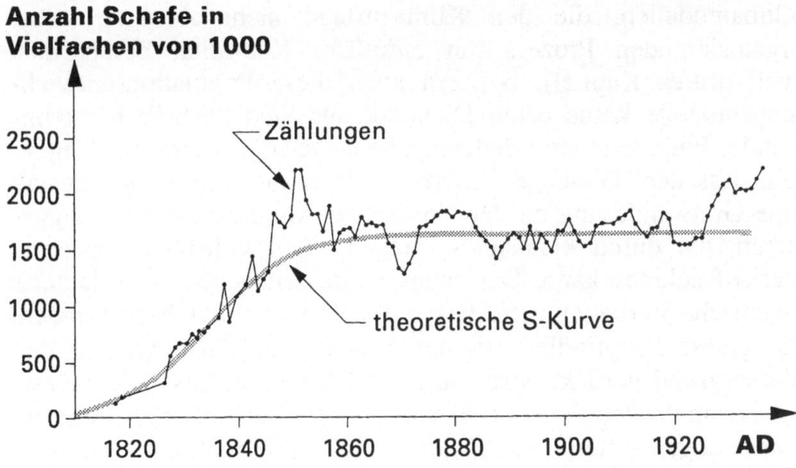

Abb. 23: Entwicklung der Schafspopulation im Vergleich zur theoretischen S-Kurve auf der australischen Insel Tasmanien nach deren Einführung im 19. Jahrhundert (nach [12]).

wicklungskurve bei Ökonomen sehr bekannt und beliebt, ja so sehr, dass sie fälschlicherweise oft als die allein mögliche angesehen wird. In Abbildung 23 ist die Entwicklung der Anzahl Schafe nach deren Einführung in Tasmanien im letzten Jahrhundert wiedergegeben. Tasmanien ist eine südöstlich von Australien gelegene Insel, deren Fläche gut das Anderthalbfache der Schweiz beträgt. Deutlich ist die anfänglich exponentielle Entwicklung zu sehen, die offensichtlich zu weit ging, so dass sich 1952 ein Absturz von 2.2 auf rund 1.7 Millionen innerhalb von 4 Jahren ereignete. In den darauffolgenden Jahrzehnten schwankte die Populationszahl unregelmässig um diesen Wert herum, der meist etwas irreführend als "Gleichgewichtsniveau" bezeichnet wird. "Kritischer Grenzwert" trifft jedoch die sich abspielende Folge von Krisen, Rückschlägen, Erfolgen und Erholungsphasen wesentlich besser und erklärt zudem die typischen grossen Fluktuationen, die in der theoretischen, auf einem Gleichgewichtsmodell beruhenden S-förmigen Kurve (vgl. Abb. 23) nicht vorhanden sind. Analog den Klimamodellen, die den Klimazustand nicht als sich selbst organisierenden Prozess mit zirkulärer Kausalität beschreiben (vgl. drittes Kapitel), besitzen auch diese Populationsentwicklungsmodelle keine echte Dynamik und sind deshalb nicht imstande, Fluktuationen wiederzugeben. Sie implizieren im Gegenteil, dass der "Gleichgewichtszustand" etwas stabiles sei, anstatt eine Gratwanderung an der Grenze der Möglichkeiten zu suggerieren, die durch kleinste Störungen einen vollständig anderen Verlauf nehmen kann. Das ebenfalls im dritten Kapitel erläuterte chaotische Verhalten trifft diesen Aspekt wesentlich besser, indem die grosse Empfindlichkeit des Systems auf Störungen in den Vordergrund gerückt wird. Statt als Gleichgewichtspunkt müsste die erwähnte Populationszahl von 1.7 Millionen eher als Zentrum eines sogenannten "seltsamen Anziehungspunktes" (englisch "strange attractor" = mathematischer Fachausdruck im Rahmen der Chaostheorie) betrachtet werden. "Seltsam" deshalb, weil er sowohl eine anziehende Wirkung auf die um ihn herumtanzende Bevölkerungsentwicklung ausübt, gleichzeitig aber instabil ist, und daher in seiner Nähe abstossend wirkt. Die Kombination dieser beiden sich widersprechenden Eigenschaften ergibt schliesslich die mehrmals erwähnte Empfindlichkeit des Systems auf äussere Einflüsse sowie die Unvorhersagbarkeit von dessen Entwicklung.

Durch die oben geschilderte Abfolge von Katastrophen und Erholungsphasen rückt dieser Zustand der selbstorganisierten Kritikalität auch sehr nahe an das Szenario "Gaia" heran. Anstelle eines einzigen grossen, globalen Absturzes haben wir jedoch hier eine Überlagerung vieler kleinerer Abstürze vor uns. Es drängt sich somit die Frage auf, unter welchen Bedingungen das Szenario "Grenze" ins Schreckensszenario "Gaia" umkippen könnte. Dies soll wiederum an einem einfachen Beispiel erläutert werden. Sie alle haben einmal einen kleinen Spielzeug-Gummiballon aufgeblasen und mit zugekniffenen Augen die kritische Grenze gesucht. Es war nicht selbstorganisierte Kritikalität, sondern schlagartiger Zusammenbruch, ein Knall - Szenario "Gaia". Stellen Sie sich nun vor, die Ballonhülle würde, statt einfach zu platzen, begrenzte kleinere oder grössere Löcher kriegen, die nach einer gewissen Zeit von selbst wieder zuheilen würden. Trotz dauernden Aufblasens würde so die Ballongrösse um einen kritischen Wert herum schwanken; eine Abfolge partieller Katastrophen würde die Grösse begrenzen und den vollständigen Kollaps verhindern: Szenario "Grenze". Was würde aber geschehen, wenn man mit Hilfe technischer Mittel (z.B. Veloflickzeug) bei allen kleineren Katastrophen sofort einschreiten und deren Auswirkungen weitgehend verhindern würde? Der Ballon würde immer grösser und auch die Grösse der zu reparierenden Löcher nähme zu: Ein Wettlauf also zwischen technischer Innovation zur Beherrschung der partiellen Katastrophen und der Zunahme von deren Anzahl und Grösse. Diese "Rüstungsspirale" ginge so lange weiter, bis die Technik überfordert würde und gleichzeitig viele grosse, nicht rasch reparierbare Löcher entstünden, die den Ballon weit unter das vorherige Niveau zusammenschrumpfen liessen. Es leuchtet ein, dass dieser Absturz umso heftiger ausfiele, je weiter er hinausgezögert werden könnte, je besser und genialer also die technischen Innovationen wären. Spitzentechnologie kann also das Szenario "Gaia" auslösen! Es gibt noch einen weiteren Pfad, der vom Szenario "Grenze" zum Szenario "Gaia" führt, nämlich dann, wenn die Wirkungen gegenüber den Ursachen mit starker zeitlicher Verzögerung und überall gleichzeitig auftreten. Beim Ballon könnte dies so ablaufen, dass durch ein "Fliessen" des Materials die anfängliche Überlastung aufgefangen wird und dadurch versteckt bleibt, bis die Hülle überall so dünn geworden ist, dass sie an vielen Stellen gleichzeitig reisst. Auch hier gilt, dass der Absturz umso grösser wird, je grösser die zeitliche Verzögerung zwischen Ursache und Wirkung ist. Ein dritter Pfad von "Grenze" zu "Gaia" beruht auf der Erschöpfung von Vorräten. Nimmt man beim Ballon einen begrenzten Vorrat an Reparaturmaterial (Klebstoff, Gummiplätzchen) an, geschieht ein Absturz unmittelbar nach der Erschöpfung der Ressourcen. Wiederum fällt dieser umso katastrophaler aus, je mehr Vorräte vorhanden waren.

Zusammengefasst ist also die Gefahr, dass das Szenario "Grenze" ins Szenario "Gaia" umkippt, umso grösser, je wirksamer anfängliche technische Massnahmen sind (z.B. Bekämpfung von Hungersnöten mit Hilfe der Gentechnologie), je später und je globaler sich die Folgen bemerkbar machen (z.B. Treibhauseffekt) und je grösser die Energie- und Rohstoffvorräte sind.

Balanceakt entlang der Grenzen des Möglichen

Übersetzen wir nun die Erkenntnisse bezüglich selbstorganisierter Kritikalität auf die Zukunft der Menschheit und fragen uns wiederum nach der Rolle, die die Klimaveränderungen dabei spielen könnten. Postulieren wir also, wie alle offiziellen Stellen dies tun, ein S-förmiges Wachstum der Erdbevölkerung. Da die 5 Milliarden-Grenze bereits längst überschritten ist und noch keine Anzeichen einer Abflachung sichtbar sind, ist kein kritisches Niveau, welches wesentlich unter 10 Milliarden liegt, zu erwarten. Ich nehme deshalb als Basis für die folgenden Überlegungen ein kritisches Niveau von 10 Milliarden, was im Lichte des IPCC-Szenarios IS92f mit 17.6 Milliarden als sehr optimistisch einzustufen ist. Sind wir weiterhin optimistisch und stellen uns vor, dass die mittlere Kinderzahl weltweit auf 3 zurückgeht. Die ununterbrochene Folge von Krisen und Katastrophen, die das kritische Niveau bestimmt, müsste also den Geburtenüberschuss von einem Kind irgendwie eliminieren. Mit einem durchschnittlichen Lebensalter von 60 Jahren wären dies 1/2 x 10 Milliarden x 60 = 83 Millionen pro Jahr, die sterben müssten. Dies wären etwa sechsmal so viele, wie heute als Folge von Unterernährung sterben. Ob unter diesen Umständen die Bereitschaft für eine strenge Familienplanung so weit steigen würde, dass die Kinderzahl auf 2 gesenkt würde, bleibt indes zu bezweifeln, denn 83 Millionen wären ja jedes Jahr nur rund 0.8% der Erdbevölkerung, so dass die meisten Menschen sich nicht betroffen fühlen würden und deshalb nicht motiviert wären, bei weltweiten Bestrebungen zur Geburtenregulierung mitzumachen.

Zusätzlich zum ausserordentlichen Stress, der von der nicht abreissenden Katastrophenfolge und den damit einhergehenden Völkerwanderungen in Richtung attraktiver Gebiete wie beispielsweise Zentraleuropa ausgehen würde, kämen die massiv fortschreitenden Umweltschäden wie Erosion und Vergiftung von Böden, die Verschmutzung der Gewässer, das Absinken des Grundwasserspiegels etc. Da alle diese Stressfaktoren regional auftreten würden und selten gleichzeitig akute Auswirkungen hätten, wären ihre Folgen mit Hilfe technischer Mittel und mit dem Einsatz grosser Energiemengen immer etwa so weit aufzufangen, dass rund 10 Milliarden Erdenbewohner zu halten wären, solange keine global wirkende Störung des Gesamtsystems eintritt. Genau diese entscheidende Rolle könnten aber die Klimaveränderungen spielen, besonders wenn sie nach einer langen Verzögerung abrupt eintreten würden. Ein solcher überall gleichzeitig einsetzender zusätzlicher Stress könnte das sich an den Grenzen

seiner Möglichkeiten bewegende System zum Kippen bringen —
es ist eine Gratwanderung mit Absturzgefahr!

Die Rolle grosstechnologischer Gegenmassnahmen

Ich gehe bei den folgenden Überlegungen wiederum davon aus,
dass ein zentrales Problem der Menschheit, die Bevölkerungsexplosion, nicht gelöst wird. Stattdessen, so meine Annahme, soll
versucht werden, durch permanente "Feuerwehrübungen" mit
Hilfe grosstechnologischer Mittel alle sich einstellenden Katastrophen "in den Griff" zu kriegen. Mittels der Gentechnologie und
riesiger Meerwasser-Entsalzungsanlagen sollen beispielsweise die
Sahara fruchtbar gemacht, die landwirtschaftlichen Hektarerträge
um ein Vielfaches gesteigert und die Abfallberge durch den Einsatz neuartiger Bakterien biologisch abgebaut werden. Als Resultat hievon würde lediglich die kritische Grenze der Bevölkerungszahl nach oben verschoben, nach 15, 20 oder gar 40 Milliarden,
und die Folge der Katastrophen, die der Menschheitsentwicklung
wiederum Schranken setzen würde, müsste entsprechend heftiger
und intensiver ausfallen. Um den durch den Treibhauseffekt indu-
zierbaren Absturz zu verhindern, würde mit gigantischem techni-
schem Aufwand dagegen angekämpft. Ob dies mit dem Aufbau
eines aus Schwefelsäuretröpfchen bestehenden globalen Sonnen-
schirmes in der Stratosphäre, durch Versenkung von tiefgefro-
renem CO_2 in den Ozeanen oder dessen Einleitung in leerge-
pumpte Ölfelder, durch den Einsatz CO_2-bindenden Planktons an
den Meeresoberflächen oder schnell wachsender Landpflanzen
geschehen würde, ist weitgehend unwichtig. Wesentlich wäre nur
die Tatsache, dass mit Hilfe einer andauernden Anstrengung an
der Grenze des Möglichen ein überkritischer Zustand aufrecht erhalten würde, der kollabiert, sobald der mit riesigen Ener-
gieströmen verbundene technische Aufwand nachlassen würde.
Anlässe hierfür wären im Übermass vorhanden; man denke nur an
politische Meinungsverschiedenheiten, an eine momentane

Knappheit finanzieller Mittel, an unvorhergesehene Nebenwirkungen der globalen Therapiemethoden etc.

Und die Kernenergie? Sie kann im Rahmen des Treibhauseffektes höchstens eine untergeordnete Rolle spielen. Um diese Realität einzusehen, bedarf es nicht grosser Rechenkünste. Für eine Erdbevölkerung von "nur" 10 Milliarden und einem Pro-Kopf-Energieverbrauch von durchschnittlich 3 kW (der heutige Endenergieverbrauch beträgt in der Schweiz, ohne Stahl- und Aluminiumimporte zu berücksichtigen, 3.8 kW pro Kopf und in Deutschland 5.7 kW pro Kopf) müsste eine Leistung von 30 Terawatt (heute weltweit ca. 13 Terawatt) bereitgestellt werden. Um mit Hilfe der Kernenergie den globalen CO_2-Ausstoss gegenüber heute verringern zu können, müsste also innerhalb der kommenden etwa 60 Jahre die mit Kernkraft bereitgestellte Leistung auf ca. 20 Terawatt erhöht werden. Dies entspräche der elektrischen Leistung von 20'000 Kernkraftwerken der Grössenklasse des Werkes Leibstadt. Es müsste also in diesem Zeitraum an jedem Tag ein zusätzliches Werk in Betrieb genommen werden. Da die Lebensdauer dieser Anlagen 30 Jahre nicht wesentlich übersteigen dürfte, würde der Bedarf nach und nach auf zwei neue Anlagen pro Tag klettern. In Anbetracht der Sicherheits- und Endlagerprobleme ist jedoch ein solches Szenario klar als Science Fiction zu bezeichnen, selbst wenn im Bereich der Kernfusion nächstens ein Durchbruch in Richtung Kommerzialisierung erreicht werden könnte (was nicht zu erwarten ist). Abschliessend möchte ich erwähnen, dass 1990 weltweit 438 Kernkraftwerke in 26 Ländern mit einer elektrischen Leistung von insgesamt 0.32 Terawatt in Betrieb waren. Dies würde gerade ausreichen, um den in einem einzigen Jahr sich ereignenden Zuwachs der Erdbevölkerung mit 3 kW pro Kopf zu versorgen.

Ein Weg in die Zukunft

Ich habe die drei Szenarien "Gaia", "Geist" und "Grenze" benutzt, um Mechanismen darzustellen, die im globalen ökonomisch-ökologischen System von grosser Wichtigkeit sind und deshalb die zukünftige Entwicklung der Menschheit beeinflussen werden. Mein wichtigstes Anliegen war dabei, verständlich zu machen, dass Bevölkerungszuwachs und Klimaveränderungen in einer engen Wechselbeziehung stehen und deshalb nicht unabhängig voneinander betrachtet werden dürfen.

Eine Menschheit von maximal 10 Milliarden

Warum gerade 10 Milliarden? Zugegeben, es ist eine runde Zahl, aber dies ist nicht alles. Da ist einmal die Realisierbarkeit. Ein Umdenken benötigt einen Zeitraum von einer bis zwei Generationen, also gerade etwa die heutige Verdoppelungszeit der Menschheit von 5 auf 10 Milliarden. Zweitens zeigen verschiedenste Abschätzungen bezüglich zur Verfügung stehender Landflächen sowie erneuerbarer und nicht erneuerbarer Ressourcen, dass eine Verdoppelung noch knapp tragbar wäre. Ich möchte es bei diesen skizzenartigen Gedanken als Begründung für das nicht zu überschreitende Niveau bewenden lassen und meine nachfolgenden Abschätzungen auf jeweils 10 Milliarden basieren.

Die Szenarien "Gaia" und "Grenze" zeigen, dass ein mit humaner Ethik vertretbarer Zustand nur dadurch erreicht werden kann, dass die Begrenzung nicht natürlichen Sättigungseffekten überlassen wird, sondern die Kinderzahl *willentlich* auf höchstens 2 gesenkt wird. Weiter wurde anhand der Mechanismen, die zur Einstellung des kritischen Niveaus beim Szenario "Grenze" führen, aufgezeigt, dass der Einsatz grosstechnologischer Mittel kontraproduktiv sein kann. Dann nämlich, wenn dies zu einer Anhebung dieses Niveaus Anlass gibt und dadurch die Gefahr eines "Absturzes" erhöht wird. Jede ethische Betrachtung, die sich dem

144

Glück und der Möglichkeit jedes auf die Welt gestellten Menschen zu seiner Entfaltung verschrieben hat, führt zum Schluss, dass eine willentlich eingehaltene Begrenzung das Minimum darstellt, was vom Szenario "Geist" übernommen werden muss. Die oft in diesem Zusammenhang geäusserte Meinung, dass dies unmöglich sei, bedeutet phantasielose Kapitulation und Verantwortungslosigkeit. Gerade die Schweiz, die sich schon sehr nahe am gewünschten Wert der Kinderzahl pro Familie (pro Frau) befindet, könnte ohne allzu grossen Aufwand eine Pionierrolle übernehmen und seine Bevölkerung auf dem heutigen Wert stabilisieren oder noch besser sie langsam abnehmen lassen. Ein Realisierungsweg wäre über Kinderzertifikate denkbar. Jedes Mädchen bekäme in einem bestimmten Alter (z.B. 16) eine Karte für ein Kind. Frauen ohne Kinderwünsche könnten diese Karte für einen international festzulegenden Preis der Wohngemeinde verkaufen. Um weitere Karten zu erwerben, müsste sich eine Frau wiederum bei der Wohngemeinde melden. Falls noch Karten vorhanden wären, die vom Bund jährlich in einer bestimmten Zahl an die Kantone verteilt würden, die sie anschliessend bis auf eine Kantonsreserve an die Gemeinden weiterreichen, würden diese abgegeben. Es würde jedoch darauf geachtet, dass jede Frau nur im Besitze von höchstens einer Karte sein kann, so dass "hamstern" ausgeschlossen wäre. Falls die Karten ausgehen, würden die Bewerberinnen auf eine Warteliste gesetzt, wie dies auch beispielsweise bei Bootsplätzen gehandhabt wird. In Verhandlungen mit dem Kanton könnten die Gemeinden ihr jährliches Kontingent verändern, worüber jedoch wie über Budgetfragen abgestimmt werden müsste. Wie im Strassenverkehr müsste die Verletzung der Spielregeln auch hier mit genügend hohen Sanktionen belegt werden. Nach jeder ohne Zertifikat stattfindenden Geburt müsste sowohl die Mutter als auch der Vater zu gleichen Teilen in die Tasche greifen und zwar progressiv je nach Einkommen. Den sich nicht freiwillig meldenden Vätern würden zudem zusätzlich Verfahrenskosten belastet. Falls die eigene Bevölkerung eines Landes diese Disziplin aufbrächte, aber nur unter dieser Voraussetzung, wäre es auch vertretbar, genau dasselbe Verfahren auf Einwanderungswillige anzuwenden: Kontingente und Wartelisten. Ein weiteres Problem der Zukunft, das dadurch stark entschärft würde, wäre die Arbeitslosigkeit. Der heute bereits deutlich spürbare Trend dürfte sich nämlich in der Zukunft verstärken: Durch fortlaufende Automatisierung mit Hilfe immer "intelligenterer" Computer wird ein Industrieland im Jahre 2020 für dieselbe Produktionsleistung schätzungsweise 30 bis 50% weniger Arbeitskräfte benötigen, und die Produktionskosten werden dabei erst noch sinken. Umdenken ist unumgänglich, wir müssen uns von der Vorstellung lösen, dass das Wertgefühl und das soziale Prestige eines Menschen an seiner "produktiven" Arbeitsleistung gemessen wird. Ein Lohn für sinnvolle Freizeitgestaltung?

Es ist klar, dass eine wie oben vorgeschlagene Regelung eine Einschränkung der Freiheit jedes einzelnen bedeuten würde. Es ist aber zu bedenken, dass jede Freiheit zwangsläufig durch die entsprechende Freiheit des Nachbarn begrenzt wird und eine solche oder ähnliche Regelung würde ja geradezu garantieren, dass die Freiräume eine Minimalgrösse nicht unterschreiten würden. Um eine bestimmte Bewegungsfreiheit und die damit verbundenen individuellen Entfaltungsmöglichkeiten zu sichern, bedarf es eines Opfers!

Eine Beschränkung des durchschnittlichen Energieverbrauchs auf 3 kW pro Kopf

Was würden Sie unternehmen, wenn Sie verpflichtet würden, Ihren Energieverbrauch auf die Hälfte zu reduzieren? Falls Sie denken, dass dies völlig unmöglich sei, bitte ich Sie, sich folgende Fragen zu überlegen:

-   Gibt es Autos mit niedrigerem Energieverbrauch als dasjenige, das sie gerade fahren?

- Ist Ihr Auto auf dem Arbeitsweg mit mehr als 2 Leuten besetzt?
- Könnten sie Ihren Arbeitsplatz mit öffentlichen Verkehrsmitteln erreichen?
- Gibt es bessere Gebäudeisolationen als diejenigen, die für das Haus, das Sie bewohnen, verwendet wurden?
- Gibt es effizientere (besser isolierte) Kühltruhen und Kühlschränke als die Modelle, die Sie besitzen?
- Mit wieviel Watt beleuchten Sie Ihr Wohnzimmer?
- Wohin fahren sie in Ihrer Freizeit, in den Ferien?

Diese Liste könnte fast beliebig verlängert werden und zeigt, dass eine Verringerung des Energieverbrauchs im privaten Bereich um 30 - 50% ohne allzu grosse Einbussen an Lebensqualität möglich wäre. Allerdings müsste im Hinblick auf die eine oder andere Massnahme eine Korrektur an Wertmassstäben vorgenommen werden. Das auf den Pferdestärken begründete Selbstwertgefühl müsste beispielsweise eine andere Verankerung finden. Wiederum stellt sich die Frage nach einer Realisierungsmöglichkeit dieser verständlichen aber scheinbar undurchführbaren Forderungen.

Ein neues Haushaltsdenken: Umweltökonomie

Der freie Markt ist ein Beispiel eines komplexen Selbstorganisationsprozesses mit der ihm innewohnenden Eigenschaft, Verteilungsprozesse zu optimieren. Um diese Fähigkeit für die Begrenzung des Energieverbrauchs und insbesondere der davon ausgehenden Umweltbelastungen zu nutzen, muss aber auch die Umwelt mit einem Preis belegt werden. Der "Abfallkübel" Atmosphäre darf nicht mehr gratis sein. Der Verursacher von Umweltbelastungen hat für die Kosten, die daraus der Gemeinschaft erwachsen ("Externalitäten"), aufzukommen, indem diese Kosten den sie verursachenden Waren zugeschlagen ("internalisiert") werden. Im Falle von Treibstoffen und Heizöl hat diese Internalisierung externer Kosten zur Folge, dass der Literpreis auf zwei bis drei Franken angehoben werden muss. Der Markt wird auf dieses Signal reagieren, indem die verschiedensten Kosten-Nutzen-Rechnungen andersartig aussehen werden. Der Benzinverbrauch pro 100 km wird beim Kauf eines Neuwagens plötzlich eine wichtige Entscheidungsgrösse werden, Gebäudesanierungen werden sich lohnen, alternative Energiequellen werden konkurrenzfähig etc. Der Markt wird selbsttätig einen neuen Zustand einnehmen, der durch wesentlich kleinere CO_2-Emissionen charakterisiert sein wird. Es ist verständlich, dass der Wirtschaft für eine derart massive Umstellung genügend Zeit zur Verfügung gestellt werden muss. Der Benzinpreis beispielsweise muss gemäss einem im voraus bekanntgegebenen Plan über 5 - 10 Jahre hinweg stetig angehoben werden. Überraschungseffekte und daraus folgende Marktinstabilitäten können so vermieden werden. Ebenfalls ist klar, und dies ist eine der grossen Schwierigkeiten dieser Vorgehensweise, dass solche Massnahmen nicht in einem einzelnen Land im Alleingang eingeführt werden können, denn wichtige Preisgefälle über Landesgrenzen hinweg führen sofort zu riesigen Ausgleichsströmen (Benzintourismus), die kontraproduktiv sind. Bei einem derartigen Vorhaben muss also ganz Europa mitmachen. Weiter stellt sich die Frage nach der Verwendung der grossen Finanzströme, die eigentlich der Atmosphäre gehören würden. Die Idee besteht darin, diese so einzusetzen, dass die Marktreaktionen verstärkt werden (Rückkoppelung). Dies bedeutet eine Subventionierung umweltfreundlicher Systeme (z.B. Elektroautos, Gebäudeisolationen, Sonnenenergiesysteme, Stromsparlampen) sowie eine Förderung entsprechender Forschungsarbeiten.

Einer weiteren wichtigen Korrektur bedarf auch der heutige Gradmesser der Prosperität und des Glückes einer Gesellschaft: das Bruttosozialprodukt (BSP). An seinen Veränderungen messen Politiker der ganzen Welt ihre Fähigkeiten und schreien sofort nach "lebensrettenden" Massnahmen, wenn die Zunahme des BSP im laufenden Jahr kleiner sein könnte als im vorhergehenden. Das BSP ist zweifellos ein guter Indikator; so angewendet bewirkt es aber eine Irreführung, die sogar gefährlich werden kann. Das heutige BSP berücksichtigt nämlich die Umwelt in keiner Art und Weise. Im Gegenteil: wenn aufgrund der Luftverschmutzung Wälder sterben, die Böden unfruchtbar und die Menschen krank werden, treiben die notwendigen Massnahmen das BSP in die Höhe, und dies verschleiert eine sich abzeichnende negative Entwicklung. Weiter enthält das BSP den für jeden Menschen notwendigen Freiraum sowie seine Entfaltungsmöglichkeiten nicht im geringsten. Umgekehrt sogar: Wenn die ganze Schweiz eine einzige Stadt würde, etwa so wie Hong-Kong, würde das BSP maximal gross. Es würde nicht anzeigen, dass diese unvernünftige Riesenagglomeration ausschliesslich auf Kosten der Umwelt anderer Länder, insbesondere auf Kosten der dritten Welt, leben würde, also sich von einer nachhaltigen Entwicklung weit entfernt hätte. Wie eine Studie eines Mitarbeiters, PD Dr. G. Pillet, zeigt, lebt die Schweiz bereits heute zum allergrössten Teil auf Kosten weniger entwickelter Länder. Müsste die Schweiz von ihren eigenen erneuerbaren Ressourcen leben, könnte sie ohne Einbusse am heutigen Lebensstandard nur etwa 1 Million Einwohner tragen. Die Schweiz lebt also siebenmal über ihre Verhältnisse, ein bedenklicher Umstand, der sich ebenfalls nicht im BSP niederschlägt. Für Deutschland oder die USA sieht die Rechnung nicht sehr viel besser aus. Eine Berücksichtigung dieser Aspekte in einem "Ökosozialprodukt" hätte drastische Folgen: Im Falle der Industrieländer würde die Entwicklung deutlich nach unten zeigen, und die Politik würde nicht mehr durch das blendende BSP irregeleitet.

Sonnenenergie

Sonnenenergie ist die einzige langfristig in grossem Massstab nutzbare Energiequelle, die wir besitzen. Der auf die Erdoberfläche einfallende Energiestrom beträgt rund 85'000 Terawatt, ist also rund 3000mal grösser als die beim oben erwähnten 30 Terawatt-Szenario benötigte Leistung. Es würde bei einem Wirkungsgrad von durchschnittlich 25% nur rund 1% der Landfläche gebraucht, um einen kontinuierlichen Energiestrom dieser Grösse zur Verfügung zu haben. Pro Kopf der angenommenen 10 Milliarden-Bevölkerung wären dies im Durchschnitt 130 m^2, also ein Quadrat mit gut 11 m Kantenlänge. Die wesentlichen technischen Probleme, die sich einer extensiven Nutzung der Sonnenenergie entgegenstellen, erscheinen lösbar, wenn auch noch viel Forschungs-, Entwicklungs- und Kommerzialisierungsaufwand getrieben werden muss. Weil die Sonnenenergie lokal nicht kontinuierlich anfällt (Wolken, Tag-Nacht-Zyklus, Jahreszyklus) und weil es sich um einen Energiestrom kleiner Dichte handelt (maximal etwa 1000 Watt auf den Quadratmeter), muss sie auf möglichst effiziente Weise in eine gut transportier- und lagerbare chemische Substanz umgewandelt werden. Neben der Lagerhaltung als potentielle Energie in Form von Stauseen bietet sich hier vor allem Wasserstoff an, der aus Wasser gewonnen werden kann und nach der Verbrennung wiederum Wasser erzeugt. Die Wasserstofftechnologie bildet deshalb Gegenstand verschiedenster Forschungsprojekte. Da Elektrizität die zentrale und unverzichtbare Schlüsselenergie darstellt, bilden die Steigerung des Wirkungsgrades sowie die Verbilligung von Photozellen ein weiteres wichtiges Anliegen. Als Bindeglied zwischen Elektrizität und Chemie spielt die Elektrochemie eine wesentliche Rolle. Neuartige Batterien würden Elektroautos ermöglichen und hocheffiziente Brennstoffzellen könnten Wasserstoff direkt in Strom umwandeln und so den Umweg über mechanische Energie via Dampfmaschine und Generator überflüssig machen. Schliesslich könnten mit fokussierenden Spiegeln arbeitende Systeme unter Ausnutzung der gleichzeitig hohen Lichtstärke und Temperatur chemische Reaktoren darstellen, die beispielsweise "Solartreibstoff" produzieren. Die Vielfalt der sich auftuenden Möglichkeiten ist enorm, man müsste lediglich wollen. Was in der Forschung bereits läuft, ist beachtlich. So werden beispielsweise am Paul Scherrer Institut in den drei Sektionen "Energiespeicherung" (Wasserstoffspeicher, chemische Speicher), "Elektrochemie" (Batterien, Brennstoffzellen) und "Hochtemperatur-Solartechnik" (So-

150

larchemie) wesentliche Schlüsselfragen im Hinblick auf ein Solarzeitalter bearbeitet.

Währenddem die Forschung vorankommt, hapert es mit der kommerziellen Umsetzung beträchtlich, weil die entsprechenden Marktsignale fehlen. Wie bereits erwähnt, würde sich dies entscheidend ändern, sobald Umweltbelastung etwas kosten würde. Nehmen wir an, dass dies bis zum Jahr 2000 gelingt, dann könnte ab diesem Zeitpunkt die Umgestaltung der Energie-Infrastruktur beginnen. Da diese mit der Erneuerung der Bausubstanz gekoppelt ist, und wesentliche technologische Umstellungen 40 - 60 Jahre in Anspruch nehmen, wird die Sonnenenergie weltweit frühestens ab der Mitte des 21. Jahrhunderts beginnen können, eine wesentliche Rolle zu spielen. Bis dahin wird noch viel Energie, Geld und Intelligenz in andere, hochkomplizierte Energiesysteme investiert werden. Die Hauptrolle gehört auf lange Sicht aber einzig und allein der Sonnenenergie.

Schlussfolgerungen

Die anthropogene Verstärkung des Treibhauseffektes ist eine Realität, mit der die gesamte Menschheit konfrontiert wird. Die Klimaverschiebungen werden innerhalb der genetischen Evolutionszeit des Menschen (5-10 Millionen Jahre) erstmalig sein. Unsere wissenschaftlichen Kenntnisse über das Verhalten des globalen Klimasystems sind sehr unvollständig. Zudem könnte es sich zeigen, dass die zukünftige Klimaentwicklung empfindlich auf kleine Störungen (z.B. Vulkanausbrüche) reagieren und deshalb prinzipiell unvorhersagbar sein könnte (Chaos-Theorie). Es handelt sich also um die erstmalige Durchführung eines globalen Experimentes, das unsere Lebensgrundlagen in weitgehend unbekannter Weise verändern wird. Insbesondere ist eine starke wechselseitige Beeinflussung zwischen Klimaveränderungen und Bevölkerungswachstum zu erwarten, weshalb diese beiden Prozesse zusammen betrachtet werden müssen. Es ist unrealistisch anzunehmen, dass die Klimaveränderungen vermieden werden könnten. Durch einen Konsens unter den Industriestaaten kann jedoch die Geschwindigkeit auf ein Mass herabgesetzt werden, das die notwendigen Anpassungsprozesse nicht überfordern dürfte. Die Menschheit befindet sich an einem entscheidenden Punkt in ihrer Entwicklung, an dem die traditionelle, auf den Menschen zentrierte Ethik versagt. Ebenso versagen die auf starren und unveränderlichen Dogmen sich abstützenden Religionen. Die langfristige Zukunft der Menschheit wird entscheidend davon abhängen, um welches Niveau der Bevölkerungszahl herum sie sich stabilisieren wird. Dabei wird der Treibhauseffekt eine überaus kritische Rolle spielen, indem dadurch ein Zusammenbruch eines sich in einem überkritischen Zustand befindlichen Systems ausgelöst werden könnte. Die Menschheit steht vor der grossen Herausforderung, eine die Religionen transzendierende Ethik zu entwickeln, die nicht nur den Gast (Mensch), sondern auch seinen Wirt (Erde) sowie dessen Tragfähigkeit miteinbezieht. Verschiedene Wege in eine langfristige Zukunft der Menschheit sind offen, wenn sie nicht durch psychische Blockaden versperrt werden. Ein solcher Weg wäre charakterisiert durch die Handlungsmaximen: Begrenzung der Erdbevölkerung, Begrenzung des Pro-Kopf-Energieverbrauchs, Umweltökonomie und Ausnutzung der Sonnenenergie.

Literaturverzeichnis

[1]   Fourier, J.-B.J., Mémoire sur les températures du globe terrestre et des espaces planétaires, Mémoires de l'Académie Royale des Sciences de l'Institut de France VII, 569-604, 1824.

[2]   Arrhenius, S., On the Influence of Carbonic Acid in the Air upon the Temperature of the Ground, Phil. Mag. Ser. 5, (251), 237-276, 1896.

[3]   Climate Change, The IPCC Scientific Assessment, WMO/UNEP, Intergovernmental Panel on Climate Change, Cambridge University Press, ISBN 0-521-40360-X, 1990.

[4]   1992 IPCC Supplement, WMO/UNEP, Intergovernmental Panel on Climate Change, Feb. 1992.

[5]   Der Mensch und seine Geschichte, Dorling Print Ltd., London, ISBN 0-946140-26-X, 1990.

[6]   Kaiser, K.F., Der fossile Wald im Dättnau, Sonderdruck aus: 1989 Winterthurer Jahrbuch, EAFV, CH-8903 Birmensdorf, 1989.

[7]   Schweingruber, F. H., Der Jahrring — Standort, Methodik, Zeit und Klima in der Dendrochronologie, Verlag P. Haupt, Bern und Stuttgart, ISBN 3-258-03120-7, 1983.

[8]   Das Klima, seine Veränderungen und Störungen, Jahrbuch der Schweizerischen Naturforschenden Gesellschaft 1983, Birkhäuser Verlag, ISSN 0080-7362, 1985.

[9]   Meadows, D.H., Meadows, D.L., Randers, J., Beyond the Limits, Global Collapse or a Sustainable Future, Clays Ltd. England, ISBN 1-85383-130-1, 1992.

[10]   Al Gore, Wege zum Gleichgewicht, Ein Marshallplan für die Erde, S. Fischer Verlag Frankfurt am Main, ISBN 3-10-027200-5, 1992.

[11]   Lovelock, J., Das Gaia-Prinzip, Die Biographie unseres Planeten, Artemis & Winkler, Zürich und München, ISBN 3-7608-1050-0, 1991.

[12]   Kormondy, E.J., Concepts of Ecology, Prentice Hall Inc., Englewood Cliffs, N.J., 1969.

[13]   Jonas, H., Das Prinzip Verantwortung, Versuch einer Ethik für die technologische Zivilisation, Suhrkamp, Frankfurt am Main, 1989.

Glossar und Masseinheiten

Absorption: Aufnahme von Strahlungsenergie.

Absorptionsbanden: Wellenlängenbereiche im Spektrum mit starker Absorption. Die aufgenommene Energie versetzt Moleküle in Schwingungen (Vibrationsbanden) oder in Kreisbewegungen (Rotationsbanden).

aerob: im Beisein von Sauerstoff. Gegenteil: anaerob.

Aerosol: luftgetragene Partikel (z.B. Staub).

Albedo: Reflexionsvermögen. Zahl zwischen 0 und 1.

anthropogen: durch den Menschen verursacht.

Atome: Bausteine von Molekülen, aus Protonen, Neutronen und Elektronen bestehend.

Austauschkoeffizient: Grösse, die den Massenfluss zwischen zwei Kompartimenten (Boxen) bestimmt.

biogen: durch biologische Vorgänge erzeugt.

deterministisch: exakt berechenbar.

DNS: Desoxyribonukleinsäure. Erbsubstanz, die Gene enthaltend.

Elektronen: elektrisch negativ geladene Bestandteile von Atomen.

Energie: Fähigkeit, Arbeit zu leisten (z.B. einen Stein zu heben) oder einen Körper zu wärmen.

Energieerhaltungsgesetz: Energie kann weder erzeugt noch vernichtet, sondern nur in verschiedene Formen (elektrische, chemische, kinetische, thermische etc.) umgewandelt werden.

exponentiell: pro Zeiteinheit (z.B. pro Jahr) um denselben Prozentsatz (z.B. 2%) zu- oder abnehmend.

extrapolieren: über den gemessenen (bekannten) Bereich hinaus fortsetzen.

Fouriergleichung: Wärmeleitungsgleichung. Besagt, dass sich ein Wärmestrom in der Richtung der stärksten Temperaturabnahme ausbildet.

Fusionsreaktor: Reaktor, der Wasserstoff zu Helium "verbrennt", wie die Sonne und alle übrigen Sterne dies tun.

Gausssche Zufallsverteilung: Glockenförmige Häufigkeitsverteilung, die typischerweise aus Zufallsprozessen resultiert.

Gedankenexperiment: praktisch nicht durchführbares aber physikalisch mögliches Experiment.

Gegenkoppelung: siehe Rückkoppelung.

Infrarotstrahlung: siehe Wärmestrahlung.

Isotop: Atom mit von der häufigsten Sorte abweichender Neutronenzahl. Fast jedes Wasserstoffatom besteht beispielsweise aus einem Proton und einem Elektron. Das viel seltenere stabile Wasserstoffisotop Deuterium enthält zusätzlich ein Neutron. Das radioaktive Wasserstoffisotop Tritium enthält sogar zwei zusätzliche Neutronen.

Kausalität: Ursachenbezogenheit. Man unterscheidet:
starke K.: ähnliche Anfangsbedingungen ergeben ähnliche zeitliche Entwicklungen.
schwache K.: ähnliche Anfangsbedingungen ergeben ab einem gewissen Zeitpunkt völlig verschiedene zeitliche Entwicklungen, sog. Schmetterlingseffekt.

lineare K.:   Wirkungen lassen sich auf unabhängige Ursachen zurückführen.

zirkuläre K.:   Wirkungen verändern die sie erzeugenden Ursachen, es stellt sich das Huhn-Ei-Problem.

Klima: Beschreibung des über längere Zeit (Standard = 30 Jahre) gemittelten Zustandes der Atmosphäre sowie der auftretenden mittleren und extremen Schwankungen.

Klimasensitivitätsparameter: global gemittelte Temperaturdifferenz zwischen einem hypothetischen Gleichgewichtszustand mit doppelter CO_2-Konzentration (560 ppm) und dem vorindustriellen Gleichgewichtszustand (280 ppm). Der K. liegt nach heutigen Kenntnissen zwischen 1.5 und 4.5 K.

Kondensationswärme: Wärme, die bei der Kondensation von Wasserdampf freigesetzt wird. Sie entspricht der Wärmeenergie, die zum Verdampfen des Wassers aufgewendet werden musste.

Konvektion: Vertikaltransport von Luftmassen in der Atmosphäre (z.B. Thermik, Gewitter).

Kosmische Strahlung: hochenergetische (schnelle) Partikel im Weltraum, die beim Zusammenstoss mit Molekülen der Atmosphäre Kernumwandlungsprozesse auslösen können.

Leistung: pro Zeiteinheit geleistete Arbeit, in Watt (W) gemessen.

linear: pro Zeiteinheit (z.B. Jahr) um denselben Betrag zu- oder abnehmend.

Mesosphäre: Luftschicht zwischen 50 und 80 km Höhe, enthält ca. 0.1 % der Atmosphärenmasse.

Molekül: Aus Atomen zusammengesetzte mikroskopische Partikel. Ein Wassermolekül H_2O besteht aus einem Sauerstoffatom (O) und zwei Wasserstoffatomen (H).

Molekulargewicht: Masse von einem Mol ($6.025 \cdot 10^{23}$) Atomen oder Molekülen in g/Mol (Gramm pro Mol).

natürliche Archive: Funde, die Rückschlüsse auf das Klima längst vergangener Zeiten erlauben (z.B. Eisbohrkerne, Wurzeln, Sedimente).

nichtlinear: ein Vorgang verhält sich nicht proportional zu einer Ursache. Beispiel: der Bremsweg wird bei doppelter Geschwindigkeit viermal so lang.

Parameter: allgemein eine dimensionslose Zahl (ohne Masseinheit), die dafür sorgt, dass ein Modell mit den Beobachtungen übereinstimmt.

Partialdruck: Teildruck, der von einer einzelnen Komponente eines Gases verursacht wird. Der P. ist proportional zur Anzahl Moleküle.

Proxy-Daten: aus natürlichen Archiven gewonnene Klimadaten.

Radiocarbon-Methode: Altersbestimmung beruhend auf der Zerfallszeit des radioaktiven Kohlenstoffisotops ^{14}C von 5760 Jahren.

Rückkoppelung: Rückwirkung auf die Ursache eines Prozesses (vgl. zirkuläre Kausalität) mit verstärkender Wirkung. Hat die Rückwirkung eine Abschwächung zur Folge, spricht man von Gegenkoppelung.

schwarzer Körper: Körper mit vollständig absorbierender (nicht reflektierender) Wirkung.

Selbstorganisation: spontane Bildung einer Struktur (Ordnung). Kann beim Vorhandensein nichtlinearer und zirkulär-kausaler Prozessketten auftreten.

Senke: Gegenteil einer Quelle.

Solarkonstante: Strahlungsintensität der Sonne im mittleren Erdabstand: 1367.5 W/m^2.

Sonnenflecken: dunklere, kühlere, mit starken Magnetfeldern und Fackeln (helle, heisse Eruptionen) verbundene Flecken auf der Sonnenoberfläche. Die Anzahl der S. schwankt mit einer mittleren Periode von rund 11 Jahren.

Spektrum: Wellenlängenabhängigkeit einer Intensitätsverteilung, z.B. von elektromagnetischer Strahlung (Licht, Wärme, Radiowellen).

Strahlung: auch im Vakuum möglicher Energietransport, z.B. elektromagnetische S. (Licht, Wärme, Radiowellen).

Strahlungsgleichgewicht: Einstrahlung auf eine Oberfläche und deren Abstrahlung sind gleich gross.

Stratosphäre: Luftschicht zwischen 11 und 50 km Höhe, die rund 14% der Atmosphärenmasse umfasst. Sie enthält die Ozonschicht, die die Erdoberfläche vor harter Ultraviolettstrahlung schützt.

Streuung: Ablenkung von Strahlen durch Moleküle oder Aerosole.

Taupunkt: Temperatur, bei der der Wasserdampf einer Luftmasse sich niederschlägt (kondensiert, Tau bildet).

Treibhausgase: alle Gase, die den Treibhauseffekt verstärken. Die wichtigsten sind Wasserdampf (H_2O), Kohlendioxid (CO_2), Methan (CH_4), Fluorchlorkohlenwasserstoffe (CFC), Ozon (O_3) und Lachgas (N_2O).

Troposphäre: Unterste Luftschicht bis in 11 km Höhe, in der sich das Wetter (Wasserkreislauf) abspielt. Die T. enthält rund 85% der Atmosphärenmasse. Ihre obere Begrenzung, die Tropopause, hat eine mittlere Temperatur von -56.5°C.

Ultraviolettstrahlung: Für das menschliche Auge unsichtbares Licht mit Wellenlängen unterhalb derjenigen von violettem Licht.

Wärmestrahlung: Für das menschliche Auge unsichtbare elektromagnetische Strahlung mit Wellenlängen, die grösser sind als diejenigen von rotem Licht, deshalb auch Infrarotstrahlung genannt.

Masseinheiten

Die *Zehnerpotenzen* werden mit folgenden international üblichen Abkürzungen bezeichnet:

n	=	nano	=	10^{-9}	= ein Milliardstel
μ	=	mikro	=	10^{-6}	= ein Millionstel
m	=	milli	=	10^{-3}	= ein Tausendstel
k	=	kilo	=	10^{3}	= mal tausend
M	=	mega	=	10^{6}	= mal eine Million
G	=	giga	=	10^{9}	= mal eine Milliarde
T	=	tera	=	10^{12}	= mal eine Trillion

Druck:

Der mittlere Atmosphärendruck auf dem Meeresniveau beträgt etwa 1 bar = 10^5 Pa. Die früher übliche Bezeichnung mb(millibar) wurde durch die neue internationale Druckeinheit Pa (Pascal) ersetzt. Es gilt 1 Pa = $1N/m^2$ = 1 Newton pro Quadratmeter und dementsprechend 1 mb = 100 Pa = 1 hPa (hekto-Pascal).

Temperatur:

Es wurden den gebräuchlichen °C (Grad Celsius) meistens die physikalisch sinnvolleren K (Kelvin) vorgezogen. Die Umrechnung ist sehr einfach: Eine Temperaturdifferenz von 1 K ist dasselbe wie eine solche von 1°C. Die beiden Skalen sind lediglich gegeneinander verschoben:

$$
\begin{array}{rcl}
0 \text{ K} & = & -273.16\,°C \\
273.16 \text{ K} & = & 0 \quad °C \\
373.16 \text{ K} & = & 100 \quad °C
\end{array}
$$

Konzentration von Gasen:

Da der Partialdruck einer einzelnen Komponente eines (idealen) Gases sowohl proportional zur entsprechenden Anzahl Moleküle als auch zum beanspruchten Volumen ist, kann die Konzentration eines Spurengases (z.B. CO_2) auf verschiedene Weise beschrieben werden. Meistens wird das Verhältnis der Molekülzahlen bezogen auf Luft in ppm (parts per million) angegeben. 350 ppm CO_2 bedeutet ein Verhältnis von 350 CO_2-Molekülen auf eine Million Luftmoleküle. Dieselbe Konzentration kann auch als Volumenverhältnis von 350/1'000'000 oder 0.035/100 oder 0.035 Vol% angegeben werden. Eine dritte Möglichkeit ist die Angabe des Partialdruckes von 350 Millionstel des Luftdruckes. Auf dem Meeresniveau beträgt dieser rund 1 b oder 100'000 Pa und die CO_2-Konzentration kann als 350 µb oder 35 Pa beschrieben werden. Für kleinere Konzentrationen werden neben ppm auch ppb (parts per billion) und ppt (parts per trillion) verwendet. Es gilt 1 ppm = 1'000 ppb = 1'000'000 ppt. Will man die Konzentration eines Spurengases als Massenverhältnis bezogen auf Luft angeben, muss man zusätzlich die Molekulargewichte berücksichtigen. Das mittlere Molekulargewicht von Luft (21 Vol% Sauerstoff à 32 g/Mol, 78 Vol% Stickstoff à 28 g/Mol und 1 Vol% Argon à 40 g/Mol) beträgt 29 g/Mol, so dass das CO_2-Massenverhältnis $(350\text{x}44)/(1'000'000\text{x}29) = 0.531$ Promille wird. Das Molekulargewicht von CO_2 ergibt sich als Summe von einem Kohlenstoffatom à 12 g/Mol und zwei Sauerstoffatomen à 16 g/Mol zu 44 g/Mol.

Stichwort- und Namenregister

Absorption 20 ff.
Aerosole 20, 38, 63f., 124
Albedo 15, 45, 69
Al Gore 126
anaerobe Bakterien 33, 58
analytische Lösung 80f.
Anomalie 117f., 124
Anpassung 118, 123, 131, 136
Appennin 28
Arosa, Ozonmessungen 42
Arrhenius, S. 7f.
Astrophysik 12
Atmosphäre 1f., 20f., 23, 30, 60,
    94ff., 147
Atmosphärenschicht 26
atmosphärisches Fenster 22
Aufnahmekapazität 1
Auslöschung 4, 56, 65
Auto 49f.

Beryllium-Isotop 63f.
Bethe, H. 10
Bevölkerungswachstum, Bevöl-
    kerungszahl 4, 33, 44, 75,
    108f., 112, 126f., 130ff.,
    133f., 135, 140, 142ff., 152
Biosphäre 8, 29, 31, 42, 73f., 90,
    94ff., 99, 106
Bodenenergiebilanz 21f.
Bodenerosion 4, 28, 108, 131,
    141
Boltzmann, L. 13
Brandrodung 28, 31, 33, 57, 99
Bruttosozialprodukt 111, 148f.

Cato 121
Chaos-Theorie 25, 88ff., 138
chaotisches Verhalten 25, 80f.,
    88ff., 138
Chlor-Isotop 63
Chlor-Radikal 35
Columbus, Ch. 52
Computer 76ff., 82ff.
Cubasch, U. 107
Cysat, R. 58

Dättnau-Chronologie 60
Dendrochronologie, Jahrring-
    analyse 59f., 125
deterministisch 89
Dinosaurier 53, 56, 65
Dipolmoment 20
DNS-Molekül 36, 52, 56, 58
Dryas-Kaltzeit 53, 70, 74
Dütsch, H.U. 42

Eem-Warmzeit 53
Eintagsfliegen 51
Eis
    Lichtreflexion 15
    Meer-, Landeisbohrkerne
        45, 60ff., 90, 114f.
Eiszeiten 53, 55, 67f., 91f.
    kleine Eiszeit 11, 53, 58, 63,
        66f.
    letzte Eiszeit (Würm) 51,
        53f., 66, 70, 74, 86, 113
    Ursachen 7, 69

Energieerhaltungssatz 6
Entwicklungsländer 37, 112,
    131, 133, 135f.
Emission von Treibhausgasen
    48ff., 96, 99f., 102ff., 118,
    122, 131, 135f.
Emissivität 15
Eozän 53
Erddistanz von Sonne 10
Erdgeschichte 9, 12, 16, 18,
    51ff., 57
Erdradius 10
Escher, C. 28
Evolution 16, 18, 57, 73
Extinktion 56, 65f.

Fluorchlorkohlenwasserstoffe,
    CFC 21, 34ff., 47
Forcing 44, 46f.
fossile Energieträger 31, 57, 108
Fourier, J.-B.J. 5f., 16
Frau 133
Fröhlich, C. 10
Fusionsreaktor 10, 143

Gaia-Hypothese 128
Galilei, G. 52
Geburtenzahl 133f.
Gedankenexperiment 12, 16, 92
Gegenstrahlung, atmosphärische
    21
Gewitter 10, 24f., 110
Gleichgewicht
    Klima 3, 44, 70, 104, 110
    Kohlendioxid 29, 94ff.,
        99ff., 104
    Lachgas 43

Populationszahl 138
Strahlung 7, 14, 18, 24
Temperatur der Erdober-
    fläche 15, 22
Gletscher 114
Global Warming Potential, GWP
    47ff.
Golfstrom 70, 119
Götz, F.W.P. 42
Grundwasser 114, 141

Hautkrebs 42
Hertz, H. 6
Hohenpeissenberg, Ozon-
    messungen 41
Höllrigl, P. 104
Holozän 53
Hydroxyl-Radikal, OH 33, 37f.

indirekte Effekte 34, 49f.
Industrieländer 36, 131, 133,
    135, 146, 149
Instabilität 68ff.
IPCC 46, 104f., 107, 109, 115,
    133, 136, 141
irrationale Ansichten 12
Isotopenmethode 61, 64

Jonas, H. 132
Joule, J.P. 6

Kausalität
    schwach, stark 91
    zirkulär 24f., 113, 138
Kelvin 13
Kernenergie 50, 111, 143
Kernkraftwerke 10

Kinderzahl 133f., 141, 144ff.
Kirchhoffsches Gesetz 21
Klima
    Archive 51, 59ff.
    Empfindlichkeit auf Störun-
       gen 11, 91
    Katastrophen 71, 102
    Optima 53f., 66, 120f.
    Schwankungen 66f., 123
    Sensitivitätsparameter 8, 46,
       110f.
    Veränderungen 3, 73, 97,
       108ff., 118, 122f., 127,
       131, 140f., 144
    Vorhersagbarkeit 9, 91
Kohlendioxid, CO_2 3, 21f.,
    29ff., 94ff., 99ff.
    Gleichgewichtswert 29, 94
    Oszillationen 29
    Verdoppelung 46, 102f.,
       110
Kohlenmonoxid, CO 37
Kohlenstoff-Isotop 63f.
Kohlenstoffkreislauf 8, 29ff.,
    92ff., 105
Kondensation 23
Konvektion 22, 24, 93f., 105,
    119
kosmische
    Hintergrundstrahlung 13
    Strahlung 63
Kreide - Tertiär Grenze 53, 65
Kreisprozess 24f., 35, 77f., 96,
    101, 113, 128
kritische Werte, Kritikalität 71f.,
    80, 113, 137, 139ff., 152

Labitzke, K. 12
Lachgas, N_2O 43f., 47
Licht 6
Logistische Abbildung 88f.
Lorenz, E.N. 90
Lovelock, J.E. 128
Lucy 55
Luftmoleküle 19
Luftqualitätsziel 38
Lufttemperatur 25
Luftverkehr 38

Magellan, F. 52
Massnahmen zur Reduktion der
    Emissionen 79, 108, 122
Mauna Loa, Hawaii 29, 41
Maunder-Minimum 11, 70
Maxwell, J.C. 6
Mayer, R. 6
Meadows, D.H., D.L. 126
Meer
    CO_2-Austausch 8, 31, 86f.,
       94ff., 104f.
    Lichtreflexion 15, 20
    Meeresoberflächenschicht
       64, 94ff., 104f., 113,
       142
    Meeresoberflächentempe-
       ratur 72, 95, 105, 110,
       114, 119
    Meeresspiegel 64, 114f.
    Mikroorganismen, Plankton
       43, 65, 97, 105
Menschheit 126, 152
    Geschichte 3, 52ff.
    Gesamtenergieverbrauch 10,
       28

Mesopause 2, 34
Mesosphäre 2, 34
Methan, CH_4 31ff., 37, 47
Milankovitch, M. 69
Miozän 53
Modelle 76ff., 123
    Konvektion 26, 82ff., 90
    Prognosen 66, 85ff., 88ff.,
      113, 119f.
    Rechnungen, Simulation 42,
      68, 77, 82ff., 88ff., 92ff.,
      123, 125
    Strahlungstransport 26, 44,
      46f.
Moleküle 20
Montreal - Konferenz 36

nachhaltige Entwicklung 52,
    130, 149
Naturgesetz 80f., 84, 88
Neandertaler 53f.
nichtlineare Prozesse 24f., 70,
    88ff.
Nichtmethankohlenwasserstoffe,
    NMHC 37

Oeschger, H. 93, 107
Ozon, O_3 21f., 33ff., 37ff.
Ozonloch 41f., 122
Ozonschicht 2, 36, 41f., 58

Paläoklimatologie 59, 66
Pangäa 56
Parameter 27, 84f., 86f., 93,
    95ff., 101, 110f.
Paris, Ozonmessungen 39
Passatwinde 65

Payerne, Ozonmessungen 39ff.
Phanerozoikum 18, 53, 57
Photodissoziation 35
Photolyse 38, 57
Photosynthese 16, 29, 58, 99,
    105
Pillet, G. 149
Pinatubo 124
planetare Grenzschicht 39
Pliozän 53, 55
Politik, Politiker 121f., 132f.,
    142, 148

Quartär 53, 55, 73f.

Radiocarbon-Methode 60
Ramsay-Sphären 57
Rayleigh, Lord 18
Regenwald 28, 31, 56, 99, 108,
    111, 131
Relaxationszeit 47f.
Religionen 4, 54, 133, 152
Rezyklierung 3, 29, 52, 58, 96
Rückkoppelung 11, 44ff., 61,
    69f., 72, 98, 105, 110f., 112,
    130, 148

Sauerstoff, O_2 16, 20f., 57f.
Saussure, Monsieur de 5
Schmetterlings-Effekt 89f.
Schneebedeckung 124
Schönbein, C.F. 39
Schwarzer Körper 13f.
Sedimente 64f.
    Kalk- 65
Selbstorganisation, selbstorgani-
    siert 25, 90, 113, 137ff., 147

seltsamer Attraktor 70, 80f., 138
Siegenthaler, U. 107
Simulation 82ff., 88, 101
    Strahlungsprozesse 26
S-Kurve 137f., 140
Solarkonstante 10ff.
Sonne 10ff., 16, 18
Sonnenenergie 111, 135, 149ff.,
    152
Sonnenflecken, Sonnenaktivität
    11, 63, 70
Spurengase 21f.
Stefan, J. 13
Stefan-Boltzmannsche Konstan-
    te 13
Stickoxide, NO_x 37
Stickstoff, N_2 20
Strahlung
    Bilanz am Erdboden 17f.
    der Sonne 11f., 18
    elektromagnetische 6, 19f.
    Gesetz der 13, 44
    Gleichgewicht der 7, 14, 18,
        24, 26
    Strahlungsschicht 44
Stratosphäre 2, 21, 24, 34ff.,
    41f., 43, 124, 142
Streuung von Licht 20f.
Strutt, J.W. 19
sustainable development 52,
    130, 149
Szenarien 102ff., 110ff., 119,
    126f., 130f., 132ff., 143f.,
    149f.

Taupunkt 23
Tertiär 53

Tiefenwasser, Tiefsee 65, 98,
    105, 112f., 119
Treibhauseffekt
    Beitrag von Wolken, Was-
        serdampf 23
    erste korrekte Theorie 7
    Grösse des T. 15
    im Phanerozoikum 18, 56
    Kenntnislücke 45
    naive Vorstellung 6
    natürlicher T. 5ff., 15
    Physik des T. 16ff., 44ff.
    Strahlungsprozesse 19
    vereinfachtes Modell 16ff.
Treibhausgase 27ff.
Treibhauspotential, GWP 46ff.
Trend 31, 39, 66ff.
Tropopause 2, 24, 33f., 38
Troposphäre 2, 24f., 33ff., 44,
    93
Tulla, J.G. 28
Turbulenz 82ff.

Ultraviolettstrahlung 21, 35f.,
    38, 42, 58
Umweltökonomie 147ff., 152
Umweltprobleme 3, 108, 133
Ungleichgewicht 130
Urknall 13, 57

Verbetonierung 28
Verdunstung, Verdampfung 22,
    24, 28, 45, 71, 110
Verhulst, P.F. 88
Verrottung 29f.
Verschmutzung 3, 97, 108, 131,
    141

Wachstum 1
Waldgrenze 28
Wärme 20
Wärmestrahlung 6, 14, 16ff., 22, 44
Wasserdampf 21ff., 28, 33f., 38, 45, 111, 124
Weizsäcker, v., C.F. 10
Weltbevölkerung 32f.
Weltstrahlungszentrum 10
Wirbelstürme 72
Wissenschaft 76ff., 90, 93, 101, 107, 122

Wolken
    Beitrag zum Treibhauseffekt 23ff., 45, 71, 110, 119
    Berechnung 82ff., 111
    Entstehung 23
    leuchtende Nachtwolken 34
    Lichtreflexion 15, 20
    stratosphärische 34
    Wärmestrahlung 21f.

Zufall 89
Zusammenbruch 130, 139, 152
Zwischeneiszeit 60

Erdmann
Energieökonomie

**Theorie
und Anwendungen**

Fast zwanzig Jahre energiewirtschaftliche Forschung seit dem Erdölschock von 1973 haben umfassende Kenntnisse über die Funktionsweise und Steuerbarkeit der weltweiten, nationalen und regionalen Energiemärkte entstehen lassen. Dieses Buch stellt eine Zusammenfassung der bisherigen energiewirtschaftlichen Forschungsergebnisse dar und vermittelt einen Überblick über den aktuellen Wissenstand. Der zentrale Orientierungspunkt sind die Marktkräfte und Marktgesetze sowie deren Einfluß auf die Entwicklung der Energiewirtschaft. Physikalische, technische, sozialwissenschaftliche und politische Aspekte werden nur aufgegriffen, sofern sie die Strukturen und Reaktionsmuster der Energiemärkte beeinflußen.

Im Rahmen der energie- und umweltpolitischen Debatte hat sich heute weitgehend die Einsicht durchgesetzt, daß die Verwirklichung ökologischer und ethischer Postulate nicht am Markt vorbei geschehen kann. Ein zielgerichtetes Handeln setzt somit fundierte Kentnisse über die Funktionsweise der Energiemärkte voraus, die hier in Form eines Lehrbuches vermittelt werden.

Von Dr. **Georg Erdmann,** Eidg. Technische Hochschule, Zürich

1992. 348 Seiten mit zahlreichen Abbildungen und Tabellen.
15,5 x 25 cm.
Kart. DM 46,–
ÖS 359,–
ISBN 3-519-03654-1

Schweiz: Kart. sfr. 42,–
ISBN 3-7281-1893-1

Gemeinschaftsausgabe
B. G. Teubner Stuttgart –
Verlag der Fachvereine Zürich

B. G. Teubner Verlag Stuttgart
Verlag der Fachvereine Zürich

Heinloth
Energie und Umwelt

Klimaverträgliche Nutzung von Energie

Jede Nutzung von Technik und Energie hat bestimmte Schadensrisiken oder sogar Schäden zur Folge. Technologischer Fortschritt führte bisher meist auch zur Ausweitung entsprechender Risiken. Ein Verzicht auf weitere technische Entwicklung hätte – bei der heutigen Erdbevölkerung – jedoch weitaus schlimmere Folgen.

Deshalb muß es die Aufgabe des Menschen sein, Technik und Energie so nutzen zu lernen, daß die daraus unvermeidlich erwachsenden Risiken und Schäden minimal sind. Dies erreichen wir nicht durch Verzicht auf die Technik, sondern durch deren intelligente Nutzung.

Ziel dieses Buches ist es, den Problemkreis Energienutzung und Umweltbelastung – aus der Sicht eines Naturwissenschaftlers – möglichst vollständig darzustellen. Es vermittelt alle relevanten Informationen, qualitativ und quantitativ, aber ohne mathematische Formalismen.
So ist es einerseits als Lehrbuch geeignet und bietet andererseits einen allgemeinverständlichen Überblick für alle Interessierten.

Der Autor, Professor für Physik an der Universität Bonn, befaßt sich als Mitglied verschiedener nationaler und internationaler Fachgremien seit Jahren mit dem Thema Energie und Umwelt.

Von Prof. Dr.
Klaus Heinloth,
Universität Bonn

1993. XVI, 253 Seiten.
16 x 23 cm.
Kart. DM 38,–
ÖS 297,–
ISBN 3-519-03657-6

Schweiz: Kart. sfr. 35,–
ISBN 3-7281-1937-7

Gemeinschaftsausgabe
B. G. Teubner Stuttgart –
Verlag der Fachvereine
Zürich

B. G. Teubner Verlag Stuttgart
Verlag der Fachvereine Zürich

Unger
Alternative Energietechnik

Eine Zivilisation ohne ständigen Masse- und Energiefluß ist undenkbar, denn nur so kann produziert und konsumiert werden. Die bei diesem Prozeß zwangsläufig auftretenden Rückwirkungen müssen jedoch in ertragbaren Grenzen gehalten werden, wenn sich die Zivilisation nicht selbst zerstören soll. Der Grad der praktizierten Energiekultur spielt hierbei eine ganz entscheidende Rolle. Zur Beurteilung dieser Situation werden im vorliegenden Buch sowohl technische als auch umweltrelevante Kriterien erarbeitet. Bei allen Überlegungen wird eine energetisch mögliche Unterdrückung der Rückwirkungen ausgeschlossen, so daß kein totales Abhängigkeitsverhältnis mit dem technischen Fortschritt eingegangen werden muß. Die umweltrelevanten Kriterien sind wesentlich mit dem Zeitverhalten der natürlichen Systeme verknüpft, in die die Techniksysteme eingebettet sind. Neben den technischen und umweltrelevanten Aspekten werden aber auch gesellschaftspolitische Gesichtspunkte ins Spiel gebracht, die eine ökologische Selbstorganisation als Gesamtregelmechanismus zum Inhalt haben. All diese Aspekte werden exemplarisch mit Hilfe einfacher mathematischer Modelle anschaulich studiert, so daß nur elementarste Kenntnisse der Mathematik und der jeweils relevanten Fachdisziplinen zum Verständnis des Buches genügen, die eigentlich Allgemeinwissen sein sollten. Hierauf wurde besonderer Wert gelegt, denn ökologisch vertretbare Entwicklungen sind nur zu erreichen, wenn alle am Entscheidungsprozeß Beteiligten selbst ökologisch mitentscheiden.

Von Prof. Dr.-Ing.
Jochen Unger,
Fachhochschule Darmstadt und Technische Hochschule Darmstadt

1993. 245 Seiten mit 186 Bildern, 22 Aufgaben und Lösungen.
16,2 x 22,9 cm.
Kart. DM 34,–
ÖS 265,–
ISBN 3-519-03656-8

Schweiz: Kart. sfr. 31,–
ISBN 3-7281-1871-0

Gemeinschaftsausgabe
B. G. Teubner Stuttgart - Verlag der Fachvereine Zürich

B. G. Teubner Verlag Stuttgart
Verlag für Fachvereine Zürich

Fritsch

Mensch – Umwelt – Wissen

**Evolutionsgeschichtliche Aspekte
des Umweltproblems**

Ausgehend von den bekannten Kenndaten analysiert der Autor auf naturwissenschaftlich-technischer Basis die reale Umweltsituation. Er vermittelt so dem Leser eine bessere Orientierung über das sensible Wirkungsgefüge Mensch-Umwelt-Wissen und zeigt Lösungen für ein zukunftsorientiertes Handeln im Hinblick auf eine humane Entwicklung auf.

Besondere Bedeutung mißt der Autor dem Faktor Wissen in bezug auf die Ressourcenfrage zu: "Es geht nicht ausschließlich darum, Stoffe, die heute als Ressourcen betrachtet werden, künftigen Generationen zu erhalten; entscheidend ist die Erhaltung von Bedingungen, die der Erlangung von Wissen förderlich sind, denn Wissen ist die wichtigste Zukunftsressource."

Diese Grundthese ist zugleich ein Plädoyer für die freiheitliche, offene Gesellschaft, denn es besteht ein unauflösbarer Zusammenhang zwischen der Offenheit gesellschaftlicher und politischer Prozesse. Für die aktualisierte Neuauflage wurde das Datenmaterial auf den neuesten Stand gebracht und teilweise neu aufbereitet.

Die zentralen Umwelt- und Energiefragen, die zum einen im Juni letzten Jahres am sog. "Erdgipfel" in Rio und zum anderen an der Weltenergiekonferenz in Madrid im September 1992 diskutiert wurden, werden behandelt. Die wichtigsten Ergebnisse beider Konferenzen wurden in die vorliegende dritte Auflage eingearbeitet und in den entsprechenden Kapiteln ausgewertet.

Von Prof. Dr.
Bruno Fritsch,
Eidg. Technische
Hochschule, Zürich

3., neubearbeitete und erweiterte Auflage.
1993. XII, 442 Seiten.
16,2 x 22,9 cm.
Kart. DM 58,–
ÖS 453,–
ISBN 3-519-23562-4

Schweiz: Kart. sfr. 52,–
ISBN 3-7281-1818-4

Gemeinschaftsausgabe
B. G. Teubner Stuttgart –
Verlag der Fachvereine
Zürich

B. G. Teubner Verlag Stuttgart
Verlag der Fachvereine Zürich